民族文化技能传承系列教材

U0150404

土家饮食文化

主 编

肖 虹 蔡其余 刘 锲

中国财经出版传媒集团
中国财政经济出版社

图书在版编目（CIP）数据

土家饮食文化 / 肖虹，蔡其余，刘锲主编. -- 北京：
中国财政经济出版社，2021.11
民族文化技能传承系列教材
ISBN 978-7-5223-0905-7

Ⅰ.①土… Ⅱ.①肖… ②蔡… ③刘… Ⅲ.①土家族
-饮食-文化-酉阳土家族自治县 Ⅳ.①TS971.2

中国版本图书馆CIP数据核字（2021）第224363号

责任编辑：蔡　宾　　　　　　　责任校对：胡永立
封面设计：陈宇琰

土家饮食文化
TUJIA YINSHI WENHUA

中国财政经济出版社 出版

URL：http://www.cfeph.cn
E-mail：cfeph @cfemg.cn

社址：北京市海淀区阜成路甲 28 号　邮政编码：100142
营销中心电话：010-88191522　编辑部门电话：010-88190666
天猫网店：中国财政经济出版社旗舰店
网址：https://zgczjjcbs.tmall.com
北京中兴印刷有限公司印刷　各地新华书店经销
成品尺寸：185mm×260mm　16 开　10 印张　179 000 字
2022 年 2 月第 1 版　2022 年 2 月北京第 1 次印刷
定价：28.00 元
ISBN 978-7-5223-0905-7
（图书出现印装问题，本社负责调换，电话：010-88190548）
本社质量投诉电话：010-88190744
打击盗版举报热线：010-88191661　QQ：2242791300

内 容 简 介

　　本书通过调研当地土家饮食文化，整理各类特色菜品进行分类。联合酉阳土家饮食协会，按照任务流程逐个菜品进行制作编排。种类齐全、内容丰富、图文并茂，融艺术、技能于一体，将创新、素质教育相结合，具有很强的实践性、传承性。理论教学以够用为原则，提高教学的实用性，促进学生热爱及传承本地民族文化，凸显实践技能，培养学生热爱劳动、勤俭节约、健体养生的品质，同时使学生能够热爱大自然、保护生态环境、追求美好幸福的生活。

　　本书主要内容包括酉阳土家饮食习俗介绍，制作酉阳土家特色热菜，制作酉阳土家特色凉菜，制作酉阳土家特色汤菜，制作酉阳土家特色小吃五个项目，较详细地介绍了本地的土家饮食习俗及各类特色菜品制作的基本知识和基本技能。

　　本书适合中职厨师专业学生及美食爱好者使用。

PREFACE 前言

　　本书融民族文化、烹饪技能于一体，旨在帮助学生了解酉阳土家饮食习俗，掌握土家特色菜烹饪的基本知识，具备导游解说、特色菜烹饪的基本技能，熟悉烹饪工作岗位的各个环节，能胜任厨师岗位工作。

　　本书依据广泛的行业调研，由本校一线骨干教师和行业专家共同参与编写，具有以下特点：

　　1.体现职业教育特色的教育体系。本套教材体系设计贴近岗位，贯穿职业教育"以就业为导向"的特色。教学内容紧密结合市场与职业资格标准，并融入地方文化，着重培养学生的职业能力和职业责任。

　　2.构建理实结合的形式。编者从知识目标、技能目标与职业素养目标维度对课程内容进行规划与设计，使课程内容更好地与烹饪技能岗位要求相吻合，体现教材内容的完整性及知识与技能的相关性。

　　3.多种教学手段相结合。编者本着科学性、系统性、艺术性、实用性、可操作性等基本原则，以多图片形式介绍，形象直观地展现教学的全过程，教材内容丰富、图文并茂。

　　4.文字叙述浅显易懂。理论讲解尽量采用图文说明，书中的案例全部源于实际工作和教学实践的积累。

　　本书由重庆市酉阳职业教育中心肖虹、蔡其余、刘锲担任主编，吴建军、张震、胡秉权担任副主编，陈德政、蒋其林、倪磊、张建明、杨昌富、冉茂胜、蔡其材、张伟、何芳、李郑靖、杨庆共同参与编写。全书共5个部分，其中项目一由肖虹编写，项目二由刘锲编写，项目三由吴建军编写，项目四由张震编写，项目五由蔡其余编写，胡秉权负责联系行业专家、餐饮企业，编写菜品名。陈德政负责教材素材照相和整理图片，本书由肖虹统稿。

本书由酉阳餐饮协会组织专家审阅并提出宝贵意见，在此表示诚挚的感谢。

编者在编写的过程中，参考了国内有关著作、论文，在此特向上述文献的作者表示感谢。此外，编者在编写中，得到了酉阳餐饮协会、土家八大碗、明兰鼎罐饭、富红家常菜、华章·有家小厨、本味洋芋饭、酉阳县恒义餐饮服务有限公司等单位领导的关心和员工的支持，谨致以深深的谢意。

由于编者水平有限，本书不足之处在所难免，诚请读者不吝赐教，以便修正。

编者
2021 年 10 月

CONTENTS 目录

项目一

酉阳土家饮食习俗介绍

 **学习目标**

知识目标

1.了解酉阳地理位置及物产资源。

2.了解酉阳土家族生活习惯。

3.掌握酉阳地方菜的分类及菜名。

4.理解酉阳日常生活谚语及禁忌。

技能目标

1.能够介绍酉阳物产资源及生活习惯。

2.能够牢记酉阳地方菜的分类及菜名。

3.能够熟练背诵酉阳日常生活谚语及禁忌。

职业素养目标

1.培养学生热爱本地民族文化，追求美好幸福的生活。

2.培养学生热爱劳动，勤俭节约的品质。

3.培养学生尊老爱幼，团结和睦的品质。

任务一　酉阳资源及主要食品

　　酉阳土家族苗族自治县位于渝鄂湘黔四省市结合部，幅员面积5173平方公里。属武陵山区，地势中部高、东西两侧低，分为三种类型，中山区，海拔800~1895米；低山区，海拔600~800米；槽谷和平坝区，海拔263~600米。全县的最高点海拔1895米，最低点海拔263米，属于喀斯特地貌（如图1-1所示）。以毛坝盖山脉为分水岭，形成两大水系；东部的酉水河、龙潭河为沅江水系；西部的小河、阿蓬江等为乌江水系。《酉阳州志》曰："独酉属处巴、渝极偏，连黔、楚，万山环叠，无旷土平原。"

图1-1

　　酉阳县接近低纬的亚热带地区，地貌类型因地质新构造时期的燕山运动抬升挤压作用而产生褶皱形成以山地为主、岩溶地貌发育、切割深的地貌类型。由于山势崎岖，山高谷深，地势起伏大，因而随海拔高度变化形成立体性气候。由于地理条件复杂，气候温和，雨量充沛，使全县的自然资源十分丰富，农作物主要有大米、荞麦、小米、豆类、玉米、红薯、马铃薯（洋芋）等，蔬菜主要有大葱、小葱、青菜、芹菜、蒜苗、菠菜、韭菜、香菜（芫荽）、白菜、花菜、胡萝卜、白萝卜、西红柿（番茄）、辣椒、胡豆、豌豆、大头菜、莴苣、茄子、刀豆、四季豆、豇豆、黄瓜、南瓜、冬瓜、丝瓜等；饲养动物主要有猪、牛、羊、鸡、鸭、鹅、鱼；采集类主要为蕨粉、竹笋、菌类、野菜、茶叶等。

　　勤劳的酉阳人民热爱生活，因地制宜，创造出很多具有地方特色的饮食。

土家族日常主食以稻米为主，中华人民共和国成立初期以苞谷、红薯、洋芋为主粮，稻米次之，杂以高粱、小米、荞、麦等，一般是以苞谷面为主，适量地掺一些大米用鼎罐煮，或用木甑蒸而成，俗称两造饭，有时也吃豆饭、洋芋饭、红薯饭。

在菜品制作方面，酉阳地方菜大致可分为热菜、凉菜、汤菜、小吃。热菜有土家砣子肉、龚滩夹沙肉、酉州烧白、土家酿豆腐、荷叶排骨、蒜烧娃娃鱼（家养）、炒土坛灌海椒、酉州乌羊干锅、香辣蜂蛹、茶叶小河虾、山蕨粑炒腊肉、渣海椒炒回锅肉、土家酸鲊肉、刺笼苞炒碎肉、土家八宝饭、三香杂烩、后溪豆腐鱼、泡椒石鲩、干豇豆炖腊猪脚、土家糯米丸子等；凉菜有凉拌折耳根、酸辣荞粉、椒盐春卷、香卤麻旺鸭、土家特三丝、麻辣牛肉、香酥洋芋片、椒美人、龚滩豆腐干、酸菜竹笋等；汤菜有老梭镖、油渣菜豆腐、黄花丸子汤、松菌汤、二豆汤、酸菜米豆腐汤、火葱鸡蛋汤、萝卜瓣豆腐汤、香菌苕粉汤等；小吃有油茶汤、土家油粑粑、米豆腐、土家绿豆粉、酉州汽汽糕、龚滩酥食、酉阳臊子面、神仙豆腐、土家粉粑、糯糍粑、马打滚、酉阳麻辣洋芋等。

▶▶ 拓展思考

1.酉阳地理条件有什么特点？

2.酉阳的自然资源主要有哪些？

3.酉阳有哪些特色食品？

任务二　酉阳土家饮食习俗

饮食习俗是人类在一定的地理环境中，为适应气候、食物资源、加工、消费而长期积累并传承的风俗习惯。

酉阳地处亚热带地区，高处终日云雾缭绕，低处与酉水河、乌江等河流相伴，环境潮湿，加之食盐产量少，人们养成喜欢食麻辣食物，以开胃健脾，祛除寒湿。麻辣味主要用辣椒（海椒）、花椒调制而成。土家族人民都喜欢吃辣椒、豆腐、酸菜，有"一天不吃辣，睡觉全身麻；三天不吃酸，走路打捞窜"之说。吃辣的方式多样，可以将青辣椒放至燃烧的木炭灰中烧熟，放到擂钵里，加入大蒜、花椒、姜、盐等捣碎，制成青海椒糊糊；可以将青辣椒用水焯熟，放在大太阳下暴晒干，密封存放，食用时用植物油炸香，加入少量食盐，制成油炸青椒；此外，还可以在红海椒中加入花椒、糯米面、玉米（苞谷）面等制成海椒面、糟海椒、灌海椒、海椒粑等。豆腐做成的菜品很多，有豆腐干、酿豆腐、霉豆腐、菜豆腐、豆花等。以酸菜为代表的食物有老梭镖、盐菜、酸海椒、酸鲊肉等。

吃社饭是酉阳人民的一大饮食习俗。每年立春后第五个日为春社日，这一天，酉阳城乡人民上山采集雀雀菜、野葱、野芹菜等野菜，加入少许蔬菜、腊肉、干豆腐等和在一起煮，味道鲜美，别具风味，吃了社饭后，标志着进入了春耕生产的季节。

土家族人爱群居，热情好客，凡事图闹热。每逢红白喜事，都要请客吃饭，也叫"吃酒"，红事是指结婚、生子、进新屋等，称为"红喜"，白事是指死人，酉阳人对人正常死亡"丧"而不"哀"，把死人称为"白喜"，要通宵达旦跳丧舞。吃酒时，八仙桌置于中堂，桌面镶缝不能朝向神龛，坐席讲究礼节，坐席的人面对大门的一方为上席，面对神龛的一方（上席对面）为下席，神龛的左面为大，右面为小。入席时，舅、姑、姨依次摆坐，家族论资排辈，父子不能同坐上席，儿辈应坐旁席。夹菜时，必须请长辈或者同席的人先夹。吃完饭后，碗里不能剩饭和菜，把筷子摆放在碗旁，要说"我吃饱了，你们大家慢用"。等同席大家都吃好了，然后大家一起离席。

土家族人民充分利用神话传说和饮食习俗的影响力，教育子女尊老爱幼、团结和睦、勤俭节约。酉阳山多地少，农作物产量低，大人看见小孩吃饭时故意抛撒饭菜或碗里有剩饭剩菜，就恐吓小孩要遭雷打，从而教育孩子要珍惜粮食。"坐要有坐相，吃要有吃相"，这是大人教育子女的口头禅，教育子女要遵纪守规。每到煮饭的时候，长辈要教小孩如何烧柴火，柴要慢慢加，灶膛要空心，柴火才能旺，进而教育小孩"烧火要空心，做人要虚心"。

在长期的日常生活中，形成了一些强制性的约束和行为规范，俗称禁忌。禁忌对于群体成员形成共同道德行为规范，具有积极的教育作用。

在除夕（腊月三十）吃晚饭忌吃汤泡饭，怕"来年大雨冲毁田土"；土家族人吃饭，最忌把筷子直搁在盛有饭的碗口正中，更不能把筷子的一头搁在饭碗、另一头搁在菜碗上，这样就是对祖先的不恭；小孩及未婚男子禁吃猪蹄叉，据说吃了猪蹄叉在找对象时会被叉掉，一辈子打光棍；小孩和未上学的儿童忌吃鸡爪子，怕以后写字像鸡爪子似的乱七八糟；小孩忌吃猪鼻子，说吃了长大后肯定打鼾；小孩忌吃敬神的肉、菜、饭，说是吃了以后记性不好；小孩忌吃猪尾巴，说是吃了后一辈子落后；土家人忌讳吃饭时端着饭碗站在别人背后吃，据说这是"吃背"，使别人"背时"（倒霉）。

▶▶ 拓展思考

1. 酉阳的海椒有哪些吃法？

2. 在酉阳吃酒该怎么坐位置？

3. 酉阳人如何教育小孩？

项目二
制作酉阳土家特色热菜

📖 学习目标

知识目标

1.了解本地土家特色热菜的渊源。

2.掌握每道热菜的制作原料知识。

3.掌握每道热菜的制作步骤。

4.熟悉每道热菜的营养价值及适用范围。

技能目标

1.能够向人介绍每道热菜的历史渊源。

2.能够挑选每道热菜合适的食材。

3.能够运用食材制作菜品。

职业素养目标

1.培养学生热爱本地民族文化。

2.培养学生提高承受挫折的心理能力，帮助学生提高调控情绪的能力。

3.培养学生热爱大自然，保护生态环境。

4.培养学生形成正确的人生观和价值观。

5.培养学生的安全意识。

任务一　制作渣海椒炒回锅肉

》 理论知识

一、渣海椒的历史渊源

渣海椒是用本地海椒与苞谷面相结合的一种神奇产物。在酉阳人民看来，它不仅是一道名副其实很有地方特色的美食，更是一种特色饮食文化的传承，土家族人将它作为一道待客名菜，它更是世世代代在这片土地上生活的人们的每顿必不可少的下饭菜。在土家族人几千年的传承里，家家户户都会制作渣海椒，渣海椒的制作其实很简单，碾碎的苞谷面与剁碎的红辣椒混合，像制作酸菜一样地用土坛装起来，倒置在有水的坛子里发酵后半个月左右的时间，有一股酸辣的香味后即可。如果你什么时候觉得没胃口，那就来点渣海椒吧。

二、食材的挑选

渣海椒炒回锅肉的食材如图2-1所示。

主料：带皮的猪后腿肉200克　渣海椒25克

辅料：蒜苗15克

调料：盐3克　白糖5克　姜15克　蒜10克　豆瓣25克　食用油适量

图2-1　渣海椒炒回锅肉食材

◈ 制作步骤

1.将锅中放水烧开，把肉放入汆烫飞水，之后捞出，再次放入开水中中火炖煮，煮至八成熟捞出。

2.将肉捞出后放凉，用刀切成薄片，姜、蒜切成米粒，蒜苗切段待用。

3.将锅烧热，放入渣海椒用小火翻炒，放少许盐，白糖炒熟。

4.锅内加底油烧至四成热，放入肉片先用小火炒至出油，肉片成灯盏碗形。然后下豆瓣、姜米、蒜米转中火翻炒至出香后，下渣海椒继续翻炒，直到渣海椒出味，最后放入蒜苗段，翻炒几下出锅。

制作要点

1.炒肉时一定要让肉炒出油，成灯盏碗形。

2.炒渣海椒时一定要用小火，慢炒熟。

渣海椒炒回锅肉的制作成品如图2-2所示。

图2-2 渣海椒炒回锅肉

菜品点评

1.技术标准与操作规范达成情况表（见表2-1）

表2-1　　　　　　　　技术标准与操作规范达成情况

指标 分值 姓名	制作速度	标准数量	色泽	质感	口味	刀工	造型	合计
	20	10	10	10	10	20	20	

2.自我反思（见表2-2）

表2-2　　　　　　　　　　　　制作渣海椒炒回锅肉自我剖析

主要工艺环节	操作规范达成情况	存在问题	解决思路与方法
原料选用			
造型设计			
刀工			
拼摆			

▶▶ 拓展思考

根据当地的特色食材，渣海椒还可以搭配什么食材制作出本地的特色菜？

拓展阅读

渣海椒的制作：选适量的红辣椒洗净后，晾干水分，在刀板上将辣椒剁碎，在辣椒里放入盐、生姜、少许大蒜等佐料，再将苞谷面放进辣椒里搅拌均匀，苞谷面与辣椒的比例在10∶7左右，可以根据自己的喜好调整。然后装入土坛中，在最上面用苞苞皮盖严，然后用七八根竹篾伸进去，横在坛脖子下（卡住），倒转放置在有水的土盘上，一个月后即成，时间越久越入味，越好吃。

任务二　制作山蕨粑炒腊肉

》 理论知识

一、历史渊源

蕨粑是用野生蕨菜的根加工成的一种纯天然美食，听父辈们讲在武陵山当地的老百姓们，以前生活困难的时候，就上山挖蕨根制作成蕨粑，以蕨粑为主食，它是一种美味与廉价并存的东西，救过无数人的性命，很多老人对它有着复杂的感情，土地革命时期红军经过南腰界，当地老百姓没有大米就以蕨粑为主粮，不知救活了多少的革命英雄。改革开放后，城市和农村的生活条件都得到了极大的改善，村民挖蕨根的历史再也不会重演，因此山蕨粑成为了当地的一道稀缺流传的美食。

二、食材的挑选

山蕨粑炒腊肉的食材如图2-3所示。

主料：腊肉200克　山蕨粑200克

辅料：蒜苗杆15克

调料：姜片5克　蒜片5克　干辣椒5克　米酒水10克　食用油适量

图2-3　山蕨粑炒腊肉的食材

❖ 制作步骤

1.先用火将腊肉烧皮，再用温水将腊肉洗净。

2.锅内加水烧热后将腊肉煮成七成熟，然后将腊肉切成薄片。

3.山蕨粑切片略小于腊肉片待用，干辣椒切节待用。

4.锅内加底油烧至四成热，下腊肉片用中火炒至发卷（灯盏碗状），然后下干辣椒节、山蕨粑、姜片、蒜片炒熟后，将蒜苗和米酒水一起下锅翻炒至蒜苗断生后起锅。

❖ 制作要点

1.腊肉表皮一定要烧透，不然肉皮嚼的时候很硬，影响口感。

2.山蕨粑下锅后翻炒时一定要快，防止山蕨粑炒的时候形成一团分不开糊锅。

山蕨粑炒腊肉的成品如图2-4所示。

图2-4　山蕨粑炒腊肉

❖ 菜品点评

1.技术标准与操作规范达成情况表（见表2-3）

表2-3　　　　　　　　　　　技术标准与操作规范达成情况

姓名 \ 指标 分值	制作速度 20	标准数量 10	色泽 10	质感 10	口味 10	刀工 20	造型 20	合计

2.自我反思（见表2-4）

表2-4　　　　　　　　　　　　制作山蕨粑炒腊肉自我剖析

主要工艺环节	操作规范达成情况	存在问题	解决思路与方法
原料选用			
造型设计			
刀工			
拼摆			

▶▶ 拓展思考

本地人在制作山蕨粑炒腊肉时加入米酒调味，若家里没有米酒时用什么代替？腊肉为什么要先用水煮至七成熟？

拓展阅读

　　山蕨粑的制作：蕨粑是用野生蕨菜的根加工成的一种纯天然美食，首先挖出山蕨根后洗净，将山蕨根打成粉后用清水浸泡淀粉，然后用清水过滤，再次浸泡淀粉后，取出晒干备用（山蕨粉可以长时间储存）。在制作山蕨粑时，一定要用冷锅不能烧热，冷锅加入冷水（与山蕨粉大致1：1的比例）。然后放入山蕨粉后不停地搅拌，搅拌使山蕨粉越变越黏稠，直到完全变成半透明色，没有白色粉状，即可关火，将山蕨粉取出放置在簸箕内，然后用手不停地将山蕨粉捊成圆球状后放凉即可。

任务三　制作炒土坛灌海椒

>> **理论知识**

一、历史渊源

相传这道菜原本只有达官贵人能吃，在古时候，当地有个县太爷嗜辣，又喜食当时珍贵的糯米，糯米虽然好吃，但是却容易让人腻，寻常的做法吃多了以后县太爷的嘴就开始挑了，这让厨子很是为难，厨子就想反正县太爷喜欢吃辣，不如把糯米灌在海椒里面试试，结果一灌、一蒸，县太爷一尝，大喊欢喜，久之，这道菜便在达官显贵中传开。如今这道灌海椒是土家族必不可少的一道特色菜。

二、食材的挑选

土坛灌海椒的食材如图2-5所示。

主料：灌海椒150克

辅料：豆豉20克

调料：盐2克　姜、蒜、葱花、食用油适量

图2-5　土坛灌海椒的食材

制作步骤

1.将灌海椒放入蒸笼蒸六至七分钟后取出放凉后切成小块。

2.用干淀粉将灌海椒均匀涂抹。

3.将锅内放小半锅油烧至七成热，用小火一块一块地炸至表面金黄色时捞出待用。

4.锅内放底油烧至四成热，下姜米、蒜米、豆豉，用中火炒香后，放入炸好的灌海椒，翻炒均匀后，撒上葱花出锅。

制作要点

灌海椒切块后进行炸制时，切记要用小火炸，灌海椒若用中、大火炸时很容易炸煳。土坛灌海椒的制作成品如图2-6所示。

图2-6　土坛灌海椒

菜品点评

1.技术标准与操作规范达成情况表（见表2-5）

表2-5　　　　　　　　　　技术标准与操作规范达成情况

指标 分值 姓名	制作速度 20	标准数量 10	色泽 10	质感 10	口味 10	刀工 20	造型 20	合计

2.自我反思（见表2-6）

表2-6　　　　　　　　　　　　　制作土坛灌海椒自我剖析

主要工艺环节	操作规范达成情况	存在问题	解决思路与方法
原料选用			
造型设计			
刀工			
拼摆			

▶▶ 拓展思考

自己家做灌海椒的时候放点胡辣壳，蒜苗会更香、更入味？

拓展阅读

灌海椒的制作过程：

1.将大红椒洗净，凉干水分后，挖出辣椒籽掏空。

2.将糯米粉灌入大红椒内，用筷子插入使糯米粉填满大红椒。

3.将灌满糯米粉的大红椒一层一层放入土坛摆放均匀，在灌海椒上放上棕叶（棕叶要先蒸后晒干），用于封口，放置1个月后取出食用。

任务四　制作土家砣子肉

》》理论知识

一、历史渊源

土家砣子肉是根据土家三下锅的传闻而来，相传明嘉靖三十三年（1555年），由于朝政腐败，倭寇在我国东南沿海地区不断大肆袭扰，朝廷曾多次派大军抗倭，都惨败告终。尚书张经上奏朝廷，请征湘鄂西土兵平倭，明世宗准奏，派经略使胡宗宪督办。永定卫茅岗土司覃尧之与儿子覃承坤及桑植司向鹤峰、永顺司彭翼南、容美司（今湖北鹤峰）田世爵等奉旨率士兵出征。时值阴历年关，覃尧之深知一去难返，决定与亲人过最后一个年，于是下令："蒸甑子饭，切砣子肉，斟大碗酒，提前一天过年再出征。"士兵上前线后，很快打败倭寇，收复失地，志书记下了这段历史："于十二月二十九日大犒将士，除夕，倭不备，遂大捷。"后人便将这个历史传言下来，逐步演变成今日的砣子肉。

二、食材的挑选

土家砣子肉的食材如图2-7所示。

主料：精选五花肉1000克

调料：盐5克　干辣椒5克　料酒50克　花椒5克　香醋10克　豆瓣100克
　　　八角2克　香叶2克　山奈2克　桂皮2克　姜5克　蒜5克　高汤适量
　　　食用油适量

图2-7　土家砣子肉食材

❖ 制作步骤

1.五花肉洗净后，切成3厘米的方块，锅内加入半锅水烧沸后加料酒，将五花肉氽一水捞出备用。

2.锅内加半锅油，烧至七成热后，将肉块下锅用中火或小火炸，炸至成棕红色时捞出。

3.锅内油乘出剩一点底油，下姜、蒜、豆瓣用中火炒干水分后下入高汤烧沸，将肉块放入烧沸的高汤，加八角、香叶、山奈、桂皮、盐、干辣椒、花椒、香醋调味，用中火烧开后转小火炖90分钟，肉粑即成。

❖ 制作要点

炸肉块时注意火候，切忌炸糊炸焦。制作成品如图2-8所示。

图2-8

❖ 菜品点评

1.技术标准与操作规范达成情况表（见表2-7）

表2-7　　　　　　　　　技术标准与操作规范达成情况

指标分值　　姓名	制作速度	标准数量	色泽	质感	口味	刀工	造型	合计
	20	10	10	10	10	20	20	

2.自我反思（见表2-8）

表2-8   制作土家砣子肉自我剖析

主要工艺环节	操作规范达成情况	存在问题	解决思路与方法
原料选用			
造型设计			
刀工			
拼摆			

>> 拓展思考

土家砣子肉中加入高汤，若没有高汤可用什么来代替？

拓展阅读

高汤的熬制：猪棒骨洗净后，剁成大段即可，鸡洗净去除内脏，宰去鸡屁股。臀尖内有异味会影响整个高汤的品质，鸡油必须去除干净，要确保高汤无油，煮熟后再撇油那就是大忌，怎么努力也是不理想。然后锅中烧开水，下入鸡、猪棒骨，烧开火后，转为中火烧2小时，汤开始浑浊了，撇掉浮沫。再放入姜接着熬制，20分钟左右高汤就熬制好了。要想得到清汤转为小火继续熬煮即可（熬高汤中途不能加水，否则一切努力都前功尽弃）。

任务五　制作土家酿豆腐

>> 理论知识

一、历史渊源

土家酿豆腐的历史渊源：这又是一道土家族的传统菜肴，相传当年明朝太子保兼吏、兵二部尚书的东阁大学士文安之来酉时，宣慰使冉玉岑在土司衙内用酿豆腐款待。文公尝后高兴地说："酿豆腐味美独具，可与皇宫御宴媲美，难得！难得！"文公边饮酒边吃酿豆腐，并吟诗一首："羽翰高骞道路赊，重来应识旧烟霞，客行有句怜苔藓，留伴春深木笔死。"冉玉岑对文公很敬重，步原韵和诗一首："春游纵辔野情赊，送客含怀对晚霞，灵石欲留东阁句，长教风雨洗苔花。"酿豆腐是土家族的传统食品，为土家族宴席上的"十大碗"佳肴之一。特别是土家山寨在婚丧、祝寿、修房建屋、生儿育女等场合，土家人都要用酿豆腐款待亲朋好友。

二、食材的挑选

土家酿豆腐的食材如图2-9所示。

主料：豆腐500克

辅料：猪肉50克

调料：姜5克　山奈1克　茴香1克　甜草1克　盐适量

图2-9　土家酿豆腐食材

制作步骤

1.将猪肉洗净剁碎,然后与姜、山奈、茴香、甜草及少许盐一起搅拌均匀备用。

2.将豆腐改刀切成三角形小块,再将三角形豆腐块的底边划开一个小口,将搅拌均匀的肉馅塞进豆腐的口子里面。

3.将锅烧热后倒入少许油,用小火逐一地把豆腐块有肉馅的一面煎至金黄。

4.锅内加入高汤,将酿豆腐放入,用大火烧开后转中火煮10分钟左右入味即可。

制作要点

1.豆腐划开口子不要过大,划的时候一定要小心。

2.塞肉馅的时候切忌用大力,把豆腐捏碎。

3.煎制豆腐的时候,有肉馅的一面一定要煎至里面的肉馅不会脱落出来。

土家酿豆腐的制作成品如图2-10所示。

图2-10　土家酿豆腐

菜品点评

1.技术标准与操作规范达成情况表(见表2-9)

表2-9　　　　　　　　　　技术标准与操作规范达成情况

指标 分值 姓名	制作速度	标准数量	色泽	质感	口味	刀工	造型	合计
	20	10	10	10	10	20	20	

2.自我反思（见表2-10）

表2-10　　　　　　　　　　制作酿豆腐自我剖析

主要工艺环节	操作规范达成情况	存在问题	解决思路与方法
原料选用			
造型设计			
刀工			
拼摆			

▶▶ **拓展思考**

酿豆腐除了煮汤，还可以做出其他的吃法吗？土家酿豆腐与其他酿豆腐有何区别？

拓展阅读

酿豆腐是中国的传统菜式，分客家酿豆腐和湖南宁远酿豆腐，常见于湖南、广东、广西、福建、四川等地区。它的制作材料需要豆腐、大葱、猪肉等，口味清淡，是当地美食文化最具代表性的菜肴之一。客家酿豆腐的做法：首先豆腐对半切成长方形的块，用小勺子在每块豆腐中间挖一个小洞，香葱切成葱花备用，然后把香菇事先用水泡1小时泡发，和猪肉一起剁碎，放入适量的生抽、芝麻油、糖、淀粉搅拌均匀，腌制半小时至完全入味，将腌制好的肉馅酿入豆腐里。平底锅热油，放入豆腐块小火煎制。将每一面都煎至金黄。取一小碗，再倒入适量的生抽、糖、淀粉和适量的水，调成酱汁。将调好的酱汁倒入煎至金黄的豆腐里，加盖焖2分钟收浓汁，最后出锅前撒上葱花即可。宁远酿豆腐的制作与其他地方不同的是，首先油炸豆腐要用茶油将水豆腐炸成像桃子一样大小匀称、色黄、有韧性、中间空心的油炸豆腐。其次用八成瘦肉、二成肥肉，拌以少许猪皮、蒜白、红辣椒、食盐、小粉和去皮的荸荠等佐料，一起剁碎，做成馅。将油炸豆腐开个小口，将馅掏进豆腐里，把豆腐挤成圆鼓鼓的一坨。然后将生豆腐丸子放入锅内煮，煮时火要大，水要适量，直煮到豆腐表皮起了一层层皱纹，汤刚好干，再放入少量豆豉水和芡粉，就成了味道鲜美的肉馅豆腐。

任务六 制作酉州烧白

>> 理论知识

一、历史渊源

酉州文化简介：酉阳历史悠久，具有近5000年的文明史。酉阳建州七百三十多年，经历了四百多年土司制，人文底蕴深厚，知名人物众多，可谓物华天宝，人杰地灵，形成了灿若星河、多元丰厚的酉州文化，据了解，南宋建炎三年（1129年），夔门人冉守忠因助剿苗民起义有功，受封酉阳知寨，子孙世袭。南宋孝宗淳熙四年（1177年），冉氏第五世酉阳知寨冉维义，因平苗有功奏闻得旨，酉阳改寨为州。此为酉阳建州之始。酉阳实行羁縻州、土司制时期，第一任知寨冉守忠，第一任土知州冉维义，第一任宣慰使（土司）冉载朝，官居正二品的土司冉跃龙，巾帼不让须眉援辽抗清的诰封一品夫人白再香，他们对酉阳行政建制的确立、政治社会的稳定、经济社会的发展和文明进步，均产生了积极的推动作用。酉阳"改土归流"之后，历任知州也为酉阳社会秩序稳定、文化事业繁荣做出了贡献。"酉州文化的精髓其实就是土司文化。"

二、食材的挑选

酉州烧白的食材如图2-11所示。

主料：三线肉1000克

辅料：盐菜80克

调料：盐10克　白糖20克　干辣椒10克　姜10克　蒜10克　胡椒2克
料酒20克　米酒10克　醋5克　花椒、辣椒、食用油适量

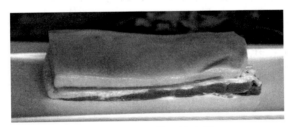

图2-11　酉州烧白的食材

制作步骤

1.将三线肉切成15厘米的长方体，将肉汆水后，放入清水煮20分钟后，趁热捞出，抹上米酒。

2.姜、蒜切成米粒待用。

3.锅内加油烧至五成热，将肉皮朝下放入锅中炸至虎皮色起锅，待肉放凉后，切成均匀4毫米的薄片，整齐摆放在蒸碗中，放入盐、白糖、花椒、辣椒、姜米、蒜米、醋、料酒、胡椒。

4.锅内放油烧至三成热，放入盐菜用中火炒香后起锅，均匀地摆放在肉片上按紧。

5.将蒸碗入蒸笼蒸90分钟后取出，待放凉后，再次蒸30分钟后取出，翻扣入盘即可。

制作要点

1.炸肉时，表皮要炸至微微起泡，但注意火候不能炸太焦，否则影响成菜效果。

2.烧白一定要二次蒸，才能入味。

酉州烧白的制作成品如图2-12所示。

图2-12　酉州烧白

菜品点评

1.技术标准与操作规范达成情况表（见表2-11）

表2-11 技术标准与操作规范达成情况

指标 分值 姓名	制作速度	标准数量	色泽	质感	口味	刀工	造型	合计
	20	10	10	10	10	20	20	

2.自我反思（见表2-12）

表2-12 制作酉州烧白自我剖析

主要工艺环节	操作规范达成情况	存在问题	解决思路与方法
原料选用			
造型设计			
刀工			
拼摆			

▶▶ 拓展思考

酉州烧白体现出了酉州文化，为了彰显酉阳土家特色，我们可以用什么还代替烧白中垫底的盐菜？

拓展阅读

摆手舞的"前世今生"

酉阳历史悠久，文化底蕴深厚，拥有酉阳土家摆手舞、酉阳民歌、酉阳古歌等国家级非物质文化遗产，传承了面具阳戏、傩戏、打绕棺等古老的民族民间艺术，被国家文化部命名为"中国民间文化艺术之乡"（摆手舞）。"说起土家摆手舞的起源，大致有三种，一是摆手舞起源于《巴渝舞》；二是摆手舞由土家茅古斯舞演变而成；三是摆手舞是在祭祀动作上发展起来的。"土家摆手舞分成"大摆手舞"和"小摆手舞"

两大类。跳大摆手舞的地点一般选择野外，场面宏大，以表现古代战争为主，其动作粗犷而劲勇。小摆手舞，跳的地点在摆手堂前或农家院坝，场面不太大，以表现生产劳作或日常生活内容为主，动作轻柔细腻。从古至今，每年的正月初九"舍巴节"（舍巴：土家语摆手舞的意思）、三月三"祭祖节""冬至会"，土家人都要在摆手堂举行盛大的祭祀活动。酉水流域是土家族摆手舞的主要发源地和流行地。酉水素有"土家文化摇篮"之称。举行摆手舞的地点称为"摆手堂"，酉水河镇长潭村小摆手堂，建于清代咸丰年间，是渝东南地区现存的唯一土王庙与宗祠相结合的"摆手堂"。摆手舞是土家文化的精华，是土家人最宝贵的文化遗产，酉阳土家摆手舞已被列入国家级非物质文化遗产保护名录。

任务七　制作龚滩夹沙肉

》》理论知识

一、龚滩古镇历史渊源

龚滩古镇是中国历史文化名镇、重庆市第一历史文化名镇、国家AAAA级旅游景区，重庆著名旅游胜地，被誉为"乌江画廊核心景区和璀璨明珠"。龚滩古镇位于乌江与阿蓬江交汇处，隔江与贵州沿河县相望，是酉阳"千里乌江，百里画廊"的起点，自古以来便是乌江流域乃至长江流域的货物中转站。龚滩古镇源于蜀汉（据刘琳《华阳国志校注》："汉复县，三国蜀汉置，属涪陵郡，治所在今酉阳县龚滩镇。"），置建于唐［麟德二年（公元665年）迁洪杜县于龚滩］，距今大约1800年历史。

二、食材的挑选

龚滩夹沙肉的食材如图2-13所示。

主料：精选三线肉400克

辅料：黄豆沙100克　红豆沙100克　糯米100克

调料：猪油50克　白糖50克　熟芝麻10克　食用油适量

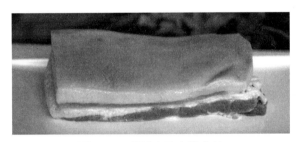

图2-13　龚滩夹沙肉的食材

❖ 制作步骤

1.将三线肉洗净放入锅中，加适量的水，用中火煮20分钟捞出，在肉皮上抹上糖色后备用。

2.将糯米用温水浸泡半小时后待用。

3.锅内放油锅烧至五成热，将肉皮朝下放入油锅，炸至虎皮色起锅，放冷后切成10厘米左右长方形肉块，再从侧面开始切，第一刀约3毫米厚切至肉皮即可，第二刀约3毫米将肉完全切开，依次全部切成3毫米的夹层片。

4.将黄豆沙、红豆沙搅拌均匀后灌入夹层片内，然后取出蒸碗，把肉片均匀摆成一本书的样子，两侧各摆一片。

5.将浸泡的糯米淘洗干净后，沥干水分，与猪油、白糖搅拌均匀，放入蒸碗肉片上用于垫底。

6.将蒸碗放入蒸笼中蒸上2小时后取出，翻扣在盘中，撒上芝麻即可。

❖❖❖ 制作要点

1.糯米要用温水浸泡透才容易熟。

2.夹沙肉的肉片要厚薄均匀3毫米，蒸时才好味。

龚滩夹沙肉的制作成品如图2-14所示。

图2-14　龚滩夹沙肉

❖❖❖ 菜品点评

1.技术标准与操作规范达成情况表（见表2-13）

表2-13　　　　　　　　　技术标准与操作规范达成情况

指标 分值 姓名	制作速度 20	标准数量 10	色泽 10	质感 10	口味 10	刀工 20	造型 20	合计

2. 自我反思（见表2-14）

表2-14　　　　　　　　　　　　　　制作龚滩夹沙肉自我剖析

主要工艺环节	操作规范达成情况	存在问题	解决思路与方法
原料选用			
造型设计			
刀工			
拼摆			

▶▶ 拓展思考

为了丰富这道菜品的口感，可否适当加入一些干果？

拓展阅读

　　夹沙肉是一道四川、贵州、云南等地的地方传统名菜，属于川味传统甜菜，选用猪五花肉，将豆沙夹入肉片，蒸至酥软作甜食上桌。成菜白里透红，鲜香甜糯，肥而不腻，最受老人喜爱。相传三国时，曹军围困住了驻兵新野的刘备，军师诸葛亮设计火烧新野，为刘备解了围。樊城县令刘泌设宴庆功，刘备见席中有一威武少年，问其姓名，方知是县令刘泌的外孙寇封。上菜时，厨役不小心，将肉掉在地上，寇封随手拣起，转身丢入口中吃了下去。这一举动引起了刘备的注意。事后刘备问寇封："见肉落地，随口吞食是何意也？"寇封回答说："身为将吏，应时时垂怜百姓，粒米片肉来之不易，弃之可惜，士卒厨役，终日劳累，受之有余，偶尔过失，安忍呵斥。"寇封的美德使刘备深受感动并大为赞赏，遂收寇封为义子，改名为刘封。此事传至军中也使将士们为之感动。为了表示对刘封的尊敬，厨役们特别烹制了一道名为"夹沙肉"的菜肴，献给刘封。

任务八　制作干豇豆炖腊猪脚

》 理论知识

一、功效和禁忌

干豇豆炖腊猪脚这道菜是一道滋补的菜肴，猪蹄和干豇豆都有着不错的功效和作用。干豇豆适宜人群：一般人群均可食用，干豇豆性味甘平，有健脾胃、补肾止带的功效，适合脾胃虚弱所导致的食积、腹胀以及肾虚遗精、白带增多者食用；有调和脏腑、安养精神、益气健脾、消暑化湿和利水消肿的功效。干豇豆的禁忌人群：干豇豆在烹调前应先将豆筋摘除，否则烹调后既影响口感，又不易消化。由于豆角在消化吸收过程中会产生过多的气体，容易造成腹胀，故功能性消化不良、慢性消化道疾病的人应尽量少食。猪蹄的适宜人群：一般人群均可食用，适宜血虚者、年老体弱者、产后缺奶者、腰脚软弱无力者、痈疽疮毒久溃不敛者食用。猪蹄的禁忌人群：患有肝炎、胆囊炎、胆结石、动脉硬化、高血压的患者食应以少食或不食为好；凡外感发热和一切热症、实症期间不宜多食；胃肠消化功能减弱的老年人、儿童每次不可食之过多。

二、食材的挑选

干豇豆炖腊猪脚的食材如图2-15所示。

主料：腊猪脚750克

辅料：干豇豆（干）600克

调料：姜片5克　蒜片5克　胡椒5克　干辣椒5克　蒜苗10克

图2-15　干豇豆炖腊猪脚的食材

29

制作步骤

1.将先腊猪脚烧洗净后切成小块状后待用。

2.将腊猪脚放入锅中加清水用大火烧开，小火慢炖一小时左右。

3.将干豇豆用温水浸泡半小时至干豇豆发胀。

4.将干豇豆切节后，放入炖腊猪脚的锅内后加姜片、蒜片、胡椒、干辣椒焖10分钟后撒上蒜苗后出锅。

制作要点

1.干豇豆在浸泡时一定要发胀。

2.烧腊猪脚时一定要烧起果子泡，去除猪毛。

干豇豆炖腊猪脚的制作成品如图2-16所示。

图2-16　干豇豆炖腊猪脚

菜品点评

1.技术标准与操作规范达成情况表（见表2-15）

表2-15　　　　　　　　　　技术标准与操作规范达成情况

分值 姓名　　指标	制作速度	标准数量	色泽	质感	口味	刀工	造型	合计
	20	10	10	10	10	20	20	

2. 自我反思（见表2-16）

表2-16　　　　　　　　　　　制作干豇豆炖腊猪脚自我剖析

主要工艺环节	操作规范达成情况	存在问题	解决思路与方法
原料选用			
造型设计			
刀工			
拼摆			

▶▶ 拓展思考

干豇豆炖腊猪脚时，为了让菜品更加丰富，可否添加风萝卜、黄花等其他的菜品？

干豇豆炖腊猪脚，没有腊猪脚时，用腊排骨代替，是否又成一道土家菜肴？

拓展阅读

酉阳腊猪脚的制作：花椒、桂皮、八角、香叶各种香料混合煸炒香后，用舂钵碾成粉末，再次入锅后加入细盐搅拌均匀后，趁热力未散，均匀涂抹在猪脚上，边涂抹边按摩，然后挂在火铺上，用香柏枝和杜仲树作为熏制的燃料，经过长时间的熏制而成。

任务九 制作刺笼苞炒碎肉

>> **理论知识**

一、刺笼苞简介

刺笼苞（学名：楤木，别名：刺老鸦、刺龙牙、刺嫩芽、刺头菜等），为五加科多年生落叶有刺灌木或小乔木。一般在3~4月采摘芽苞。其嫩芽和嫩茎叶，低脂肪、低糖、多纤维、多维生素，是无污染、纯绿色的保健木本山野菜，作为蔬菜食用，不仅风味清香独特，味美可口，而且营养丰富，富含人体需要的亮氨酸、赖氨酸、精氨酸等多种氨基酸以及16种以上无机营养元素，素有"山野菜之王""树人参""天下第一珍"等美誉。对人体有保肝、强壮、兴奋作用，对治疗急慢性炎症、各种神经衰弱病症具有较好疗效，中医则认为刺笼苞有补气安神、强精滋肾等功能。

二、食材的挑选

刺笼苞炒碎肉的食材如图2-17所示。

主料：刺笼苞200克

辅料：精选二刀肉100克

调料：盐10克 白糖5克 干辣椒10克 蒜苗20克 食用油适量

图2-17 刺笼苞炒碎肉的食材

❖ **制作步骤**

1.将刺笼苞洗净，然后剥皮待用。

2.锅内加入半锅水烧热后将刺笼苞汆水后捞出，然后在冷水中放凉。

3.精选二刀肉剁碎待用，刺笼苞切成大颗粒待用，干辣椒切节待用。

4.锅内加底油烧至四成热，下碎肉用中火炒干水分后，然后下干辣椒节、切好的刺笼苞粒、盐、白糖进行翻炒均匀，翻炒1分钟左右入味后下蒜苗，翻炒几下后出锅。

◈ 制作要点

刺笼苞氽水时一定要氽透，去除涩味。制作成品如图2-18所示。

图2-18 刺笼苞炒碎肉

◈ 菜品点评

1.技术标准与操作规范达成情况表（见表2-17）

表2-17　　　　　　　　　　技术标准与操作规范达成情况

指标 分值 姓名	制作速度 20	标准数量 10	色泽 10	质感 10	口味 10	刀工 20	造型 20	合计

2.自我反思（见表2-18）

表2-18 制作刺笼苞炒碎肉自我剖析

主要工艺环节	操作规范达成情况	存在问题	解决思路与方法
原料选用			
造型设计			
刀工			
拼摆			

▶▶ **拓展思考**

刺笼苞为当地的季节性野菜，除了用于炒，可否用来凉拌？

拓展阅读

刺龙芽作为蔬菜食用在我国有悠久的历史，早在《满汉全席108道菜》的清朝国宴——"蒙古亲潘宴"中就有一道菜叫作"御菜三品：山珍刺龙芽"，可见刺龙芽在清朝就已列为"山珍"，而由于古代人民缺乏资源保护意识，加之无节制的索取，刺龙芽这一"山珍"慢慢地在历史的饮食文化中消失了。

任务十　制作蒜烧娃娃鱼

》 理论知识

一、娃娃鱼的简介

娃娃鱼（大鲵），大鲵隶属隐鳃鲵科，是世界上现存最大的也是最珍贵的两栖动物。它的叫声像婴儿的哭声，因此人们又叫它"娃娃鱼"。该鲵分布较广，但由于经济价值大和环境质量下降等原因，野外种群数量很少，属于国家二级保护动物。所以菜品所采用的娃娃鱼是当地人工繁殖的娃娃鱼。娃娃鱼对小孩的智力发育有良好的促进作用，对女性有着美容护肤、养气补血的功效。还能滋阴补肾，对各种疾病都有预防的作用。

二、食材的挑选

蒜烧娃娃鱼的食材如图2-19所示。

主料：家养娃娃鱼（一条）　1000克

辅料：肥膘肉150克　独蒜400克

调料：泡椒50克　白糖15克　盐15克　香油5克　胡椒10克　料酒20克
　　　高汤、食用油适量

图2-19　蒜烧娃娃鱼的食材

❖ 制作步骤

1.倒入半锅水一定要能淹过娃娃鱼，将水烧开，放入娃娃鱼，加少量盐，让娃娃鱼表皮起一层血衣后捞出。

2.用小刀将娃娃鱼表皮的血衣轻轻地刮去，然后洗净，将鱼切成2厘米左右的鱼丁。

3.把肥膘肉洗净后切成1厘米左右的颗粒状。

4.将锅烧热，放入肥膘肉用中小火把油脂煸出，下泡椒用中火炒香后，倒入高汤烧开。

5.高汤烧开后将独蒜和娃娃鱼丁同时下锅，加入盐、白糖、胡椒、料酒，转小火烧25分钟左右，待蒜和鱼煮熟后，加香油调味后出锅。

❖ 制作要点

在烧鱼和蒜时一定要用小火，不能把鱼和蒜在烧的过程烧散了，否则影响口感及出菜效果。制作成品如图2-20所示。

图2-20　蒜烧娃娃鱼

❖ 菜品点评

1.技术标准与操作规范达成情况表（见表2-19）

表2-19　　　　　　　　　　技术标准与操作规范达成情况

指标分值 姓名	制作速度	标准数量	色泽	质感	口味	刀工	造型	合计
	20	10	10	10	10	20	20	

2.自我反思（见表2-20）

表2-20　　　　　　　　　　制作蒜烧娃娃鱼自我剖析

主要工艺环节	操作规范达成情况	存在问题	解决思路与方法
原料选用			
造型设计			
刀工			
拼摆			

▶▶ 拓展思考

用什么烹饪方法能尽可能地保证娃娃鱼的营养不流失？

拓展阅读

据《西泽补遗》记载，传说武陵山区有个数十丈之宽、深不见底的潭水。四周多是悬崖峭壁与飞流直下的瀑布，浓密的瘴气使这里整天都是阴沉沉的，茂密的森林中还有阵阵冷风扑面袭来。

有位老者为逃避战乱，带着妻子来此居住。老者80多岁了，但是膝下无子嗣，而且每天的一日三餐都无法保障，走投无路准备投渊自尽。来到潭边，却发现里面似乎有很多鱼在游动，像是鲶鱼但奇怪的是有四只脚，攀爬岩石身手极其敏捷，和同伴们嬉戏又如小儿一样天真可爱。其尾巴扁平短小，腹部肥大，形态如随时防敌进攻的守卫一样，行进在水面和乱石上的速度又极快。

老人感觉到十分震撼，于是试探性地用青蛙为饵钓，没想到钓上了数条，后将其烹饪食用，感觉肉质十分鲜嫩和甘甜，老者和妻子便以此为食。没到半年，老人便精神焕发，感觉骨骼强劲有力，白发转黑，以前掉落的牙齿也重新生长出来了，做农活跟年轻人一样精力旺盛，而妻子也年轻了许多。

后来蜀中有位叫张道陵的术士来此寻觅丹药，一路上饥渴疲劳，恰巧遇到老者，便向他讨了一碗汤。喝完后术士觉得豁然于怀，如遁天入地一般，非常惊奇，于是问老者这是为何。老者讲述离奇经历后，术士愈发觉得神秘和出奇，便把这种鱼取名为鲵，意为送子的鱼。后来他觉得这种鱼太神奇，一直不舍离去，夜不能寐，于是到深渊一探究竟。

没想到眼前出现了两条鱼的头与尾相交的场面，术士顿时悟出天地万物阴阳玄机，创立了道教，而双鲵头尾相交的画面也成了道教太极八卦图的起源，流传万世。

任务十一　制作荷叶排骨

>> **理论知识**

一、历史渊源

荷叶排骨的由来：这是一道从酉阳土家"十八碗"中粉蒸肉演绎而来，"十八碗"是十八道美食，曾是土司时期流行的"满汉全席"，数百年来风靡朝野，不知令多少人大快朵颐，被誉为酉阳土家族的美食地图。这是家乡情结，用荷叶铺底是将这情结放大，让你回想起儿时，田野间嬉戏的情景。

二、食材的挑选

荷叶排骨的食材如图2-21所示。

主料：排骨400克

辅料：红薯150克　米面100克　新鲜荷叶一张

调料：豆瓣50克　泡椒30克　米酒10克　白糖5克　姜米10克　蒜米10克
　　　胡椒5克　南乳5克　酱油5克　生菜油30克

图2-21　荷叶排骨的食材

❖ **制作步骤**

烹饪操作及操作要点：

1.将排骨洗净，斩成节状，然后用流水冲净血水沥干。

2.将米面用适量的温水调匀待用。

3.在排骨中加豆瓣、泡椒、米酒、白糖、姜米、蒜米、胡椒、南乳、酱油、生菜油搅拌均匀后，腌制15分钟。

4.将腌制好的排骨和米面搅拌均匀，让米面均匀苞裹在排骨上。

5.将荷叶垫于蒸笼里，把红薯切块后铺在荷叶上面垫底，拌好的排骨均匀摆放在蒸笼上，用旺火蒸40~50分钟即可。

制作要点

1.排骨冲洗血水一定要冲洗干净，不然蒸出的排骨会发黑。

2.排骨在蒸的过程中一定要一气呵成，中途不能散气。

荷叶排骨的制作成品如图2-22所示。

图2-22　荷叶排骨

菜品点评

1.技术标准与操作规范达成情况表（见表2-21）

表2-21　　　　　　　　　　技术标准与操作规范达成情况

指标 分值 姓名	制作速度	标准数量	色泽	质感	口味	刀工	造型	合计
	20	10	10	10	10	20	20	

2.自我反思（见表2-22）

表2-22　　　　　　　　　　　　制作荷叶排骨自我剖析

主要工艺环节	操作规范达成情况	存在问题	解决思路与方法
原料选用			
造型设计			
刀工			
拼摆			

▶▶ 拓展思考

　　荷叶排骨的制作，可否将荷叶把每一段排骨苞裹蒸制，让荷叶的清香更能深入排骨中去？

拓展阅读

　　荷叶排骨这道菜中的米面的制作方法：采用本地大米和干辣椒、花椒、山奈、八角、香叶、桂皮放锅里用小火炒，但要不停地翻铲，等炒出香味后看米炒至微黄色时取出，将锅内的所有食材一起用石磨磨成米粉即可。

任务十二　制作酉州乌羊干锅

>> **理论知识**

一、酉州乌羊的营养价值

酉州乌羊全身皮肤、眼、鼻、嘴、肛门、阴门等处可视黏膜为乌色，黑色素含量丰富，中国传统医学认为"黑色入肾"，能滋阴、养血、补肾、添精；现代科学研究表明黑色素是一种具有理化惰性且以吲哚为主体的含硫异聚物，具有稳定的自由基，能吸引可见光和紫外线的辐射，使体内细胞免受辐射损伤。天然黑色食品在当代国内外食品消费市场中占据着相当重要的位置，是滋补和药用的理想食品，酉州乌羊的特性符合国内外追求黑色食品、保健滋补食品的观念。

二、食材的挑选

主料：精选酉州乌羊后腿肉500克

辅料：白萝卜300克

调料：泡椒50克　泡姜30克　大蒜30克　花椒5克　盐5克　白糖5克

　　　料酒10克　香菜适量　混合油（猪油和菜油）适量

❖ **制作步骤**

1.将羊肉洗净后切丝，用盐、料酒（5克）腌制十分钟

2.白萝卜切成二粗丝，锅内放少许油，待油温达到70℃时迅速将白萝卜倒进锅内进行翻炒，等待炒至六七成熟或者断生时取出，放入干锅内垫底。

3.锅内放入混合油烧至四成热，下羊肉丝用中火炒干水分后，喷入料酒，然后下泡椒、泡姜、大蒜、花椒、盐炒香，最后加入白糖快速翻炒均匀后起锅，倒入装有白萝卜丝的锅内，撒上香菜，用小火煨制进食。

❖ **制作要点**

炒羊肉时要控制火候，火候太小，羊肉很容老，制作成品如图2-23所示。

图2-23　酉州乌羊干锅

菜品点评

1.技术标准与操作规范达成情况表（见表2-23）

表2-23　　　　　　　　技术标准与操作规范达成情况

指标 分值 姓名	制作速度	标准数量	色泽	质感	口味	刀工	造型	合计
	20	10	10	10	10	20	20	

2.自我反思（见表2-24）

表2-24　　　　　　　　制作酉州乌羊干锅自我剖析

主要工艺环节	操作规范达成情况	存在问题	解决思路与方法
原料选用			
造型设计			
刀工			
拼摆			

>> **拓展思考**

酉州乌羊还可以做什么其他的菜品？例如酉州乌羊汤锅、烤全羊等。

拓展阅读

　　酉州乌羊原产于重庆市酉阳土家族苗族自治县境内。酉州乌羊通过国家畜禽遗传资源鉴定专家组的现场鉴定，成为国家级畜禽遗传资源。酉阳历史悠久，西汉高祖五年（公元前202年）置县，迄今已有2000多年的历史，曾是800年州府所在地。公元1131年，改寨为州，名为酉州。酉州乌羊因产于这块神奇土地和可视黏膜为乌色而得名。

任务十三　制作泡椒石鳞

>> 理论知识

一、石鳞的历史

在武陵山山溪较多，其环境适宜生长，食用石亢历史悠久。据史料记载，被兴誉为"药用化疮，食之长寿"的石鳞，是古代皇宫御筵中的名贵山珍，也是士大夫阶层餐桌上的弥珍野味和馈赠佳品。寻常百姓家的宴席上若有一道石鳞佳肴，足以彰显主人的阔气，宾客也以此为荣幸，被赞为"难得一尝石鳞宴"。中医认为石鳞的肉味甘咸平，入肺胃肾经，有健脾消积、滋补强壮的功效，用它来治疗消化不良、食少虚弱等症状。

二、食材的挑选

泡椒石鳞的食材如图2-24所示。

主料：石鳞500克

辅料：莴笋150克　大红泡椒50克　泡姜30克

调料：盐2克　白糖2克　料酒5克　豆瓣10克　蒜5克　芡粉20克

图2-24　泡椒石鳞食材

❖❖ 制作步骤

1.将石鳞宰杀好后，切成小块，切好的石鳞洗净，用料酒、盐拌匀腌制10分钟备用。

2.将莴笋洗净后切成小块后备用。

3.锅内烧开水后，将切好的莴笋煮熟后捞出，再用煮莴笋的水把石鱲汆水后备用。

4.将锅烧热后（防止粘锅），倒入底油烧至四成热，然后用中火将蒜、泡椒、泡姜一起下锅翻炒出红色后，再加入豆瓣、料酒炒至红油出香味时，倒入石鱲和莴笋，放入盐、白糖，加少许清水用小火煮至汤底变少，最后大火收汁，勾薄芡起锅即成。

❖❖ 制作要点

1.石鱲一定要现宰现用，保证食材的新鲜。

2.石鱲切块时，尽量切得不要太小，因为过油后，缩水很大。

3.泡椒、泡姜是咸的，所以不用加盐或只加少许盐。

泡椒石鱲的制作成品如图2-25所示。

图2-25　泡椒石鱲

❖❖ 菜品点评

1.技术标准与操作规范达成情况表（见表2-25）

表2-25　　　　　　　　　　技术标准与操作规范达成情况

指标 分值 姓名	制作速度	标准数量	色泽	质感	口味	刀工	造型	合计
	20	10	10	10	10	20	20	

2.自我反思（见表2-26）

表2-26 制作泡椒石鳞自我剖析

主要工艺环节	操作规范达成情况	存在问题	解决思路与方法
原料选用			
造型设计			
刀工			
拼摆			

▶▶ 拓展思考

石鳞是很有营养价值的食材，用什么烹饪方法可以既尽可能地保留其营养不流失，又保证其味道的鲜美？

拓展阅读

石鳞的书名是石蛙，是两栖纲无尾目蛙科的一种动物。石蛙是我国南方山区特有的名贵产品，生活在清澈的流动山泉水中，以活性的蚯蚓、虾、螃蟹、福寿螺、飞蛾、蚊子等其他昆虫为食。石蛙体大肉多且细嫩鲜美，营养丰富，具有重要的食用、保健和药用价值，它是目前所有蛙类中最具有风味特色和营养价值的蛙种。蛙肉中含有高蛋白、葡萄糖、氨基酸、铁、钙、磷和多种维生素，脂肪、胆固醇含量很低，历来是宴席上的天然高级滋补绿色食品，被美食家誉为"百蛙之王"。

任务十四　制作香辣蜂蛹

》》理论知识

一、蜂蛹的功效

我们都知道蜂蛹营养丰富，是很好的纯天然美味食品。蜂蛹主要含有丰富的蛋白质、脂肪、维生素等。这些成分都是人们身体生长发育所需要的物质，其中维生素与氨基酸的含量最高，对人体的血管功能有很好的调节作用，蜜蜂幼虫还有消炎的作用，对于人类的胃炎和肝炎都有辅助治疗的功效。

二、食材的挑选

香辣蜂蛹的食材如图2-26所示。

主料：蜂蛹200克

辅料：干辣椒节60克　干花椒20克

调料：盐5克　孜然2克　香油5克　熟芝麻5克　姜、蒜、食用油适量

图2-26　香辣蜂蛹的食材

※※ 制作步骤

1.倒入小半锅油烧至三成热，然后下蜂蛹用中火炸，炸干水分后，转用小火，当蜂蛹炸至变金黄时捞出。

2.将锅内油乘出留一点底油，放入姜末、蒜末、干辣椒节及干花椒用中火炒香，然后放入炸好的蜂蛹，加盐、孜然调味翻炒入味后起锅。

3.起锅装盘时，淋上香油，撒上芝麻即可。

制作步骤

炸蜂蛹时，油温不宜过高，当蜂蛹变成金黄色时及时捞出，避免再下锅炒时，蜂蛹炒煳。制作成品如图2-27所示。

图2-27　香辣蜂蛹

菜品点评

1.技术标准与操作规范达成情况表（见表2-27）

表2-27　　　　　　　　　　技术标准与操作规范达成情况

指标 分值 姓名	制作速度	标准数量	色泽	质感	口味	刀工	造型	合计
	20	10	10	10	10	20	20	

2.自我反思（见表2-28）

表2-28　　　　　　　　　　　制作香辣蜂蛹自我剖析

主要工艺环节	操作规范达成情况	存在问题	解决思路与方法
原料选用			
造型设计			
刀工			
拼摆			

▶▶ 拓展思考

香辣蜂蛹主料用的是马蜂的蜂蛹，若是换成其他的蜂蛹来制作这道菜，有没有比马蜂的蜂蛹炒出来更香，更入味的呢？

拓展阅读

马蜂，学名"胡蜂"，又称为"蚂蜂"或"黄蜂"。体大身长毒性也大，膜翅目、细腰亚目内除蜜蜂类及蚂蚁类之外的能螫刺的昆虫，是一种分布广泛、种类繁多、飞翔迅速的昆虫。在采摘蜂巢时，一定要注意安全，穿好防护服。

任务十五 制作土家酸鲊肉

》 理论知识

一、历史渊源

酸鲊肉的历史已无实据可考。听祖辈们说的故事是，相传，蚩尤在与黄帝、炎帝的联合军队战败后，部落被四处追击，为了躲避追击到处迁徙。苗家的祖先作为蚩尤部落中的一支，被迫往南迁徙。在迁徙的路途中，宰杀的猪肉不能保存。一个妇女偶然将猪肉放入盛有大米的坛子里，过了不久，猪肉已微微发酸，但居然没有变坏，还香味四溢，于是，酸鲊肉就此诞生。而当地的人们在后来的日子里，每逢家家户户杀年猪时，就将一部分当时吃不完的肉切成片，腌制后用熟米粉腌在倒扣坛里保存，当然要腌制到有一定酸味时才好吃，本地酸鲊肉的做法一般有蒸或煎炸两种，其肉脆酸香、粉润醇厚。

二、食材的挑选

酸鲊肉的食材如图2-28所示。

主料：酸鲊肉200克

辅料：土豆100克

调料：盐3克　葱花2克　白芝麻2克　食用油适量

图2-28　酸鲊肉的食材

◈◈◈ 制作步骤

1.将土豆洗净后切成薄片，撒上少许盐进行搅拌均匀。

2.锅内加底油烧至七成热，下土豆片用中火翻炒，待土豆片断生时起锅沥干油待用。

3.将锅烧热后，放入底油（少许油用于煎），将土豆片在锅中摊平，再把酸鲊肉铺在土豆片上，小火慢煎，当两面反复地煎熟至金黄色时起锅。

4.起锅装盘时，撒上葱花、芝麻即可。

◈◈◈ 制作要点

1.煎制酸鲊肉时，注意控制火候，两面反复煎制。

2.煎酸鲊肉时，油不可过多。

◈◈◈ 菜品点评

1.技术标准与操作规范达成情况表（见表2-29）

表2-29　　　　　　　　　　技术标准与操作规范达成情况

指标 分值 姓名	制作速度	标准数量	色泽	质感	口味	刀工	造型	合计
	20	10	10	10	10	20	20	

2.自我反思（见表2-30）

表2-30　　　　　　　　　　制作土家酸鲊肉自我剖析

主要工艺环节	操作规范达成情况	存在问题	解决思路与方法
原料选用			
造型设计			
刀工			
拼摆			

▶▶ **拓展思考**

酸鲊肉一般用蒸或者煎的烹饪方法，那么蒸的酸鲊肉是不是和粉蒸肉的蒸制一样呢？怎么能够做出一道其香味四溢、粉润醇厚的蒸酸鲊肉呢？

拓展阅读

酸鲊肉的制作：

1.将大米与八角、桂皮、砂仁、丁香、花椒籽一起放在锅中炒香炒熟至变成微黄色后起锅，将锅内所有的食材一起用石磨磨成粉待用。

2.将五花肉洗净切成均匀大小的薄片，加入白糖、米酒、白胡椒、盐、姜米、蒜米、豆腐乳抹匀码味。

3.将码好的五花肉和磨好的米粉一起拌匀，让米粉均匀地裹在肉的表面后，装入土坛子里摆放好，用蒸过晒干的苞谷壳封口，竹片成十字压紧坛口，倒转放置在有水的土盘上，25~30天后即成。

任务十六　制作糯米丸子

》 理论知识

一、糯米丸子简介

糯米丸子象征着一家人团团圆圆，是讨喜的一道年菜，年夜饭的饭桌上如果少了丸子，就像少了过年的气氛。糯米丸子是用猪肉做馅，外边裹上一层糯米，用蒸的方法做出来的。口感软糯、鲜香，烹饪简单，营养丰富，并且具有暖肝、补中益气、健脾止泻的功效。

二、食材的挑选

主料：猪前夹子肉200克

辅料：糯米100克　鸡蛋1个

配料：盐5克　胡椒粉5克　葱花少许

◈ 制作步骤

1.将糯米洗净后用温水浸泡10分钟至发胀。

2.将肉洗净，剁成肉末，然后加入盐、胡椒粉、鸡蛋清搅拌均匀。

3.捞出发胀的糯米沥干水分。

4.将搅拌好的肉末逐一挤成丸子，然后均匀裹上糯米。

5.将做好的糯米丸子在蒸笼上摆放整齐，蒸锅内加水，水烧开上汽后，放入丸子，大火蒸20分钟即可。

糯米丸子的制作成品如图2-29所示。

图2-29　糯米丸子

❋ 制作要点

1.一定要用白糯米，普通大米不黏，口感不行；也不建议用黑米和紫米。

2.拌馅一定要顺着一个方向，并且搅拌至呈现黏性状态（即上劲儿），这样肉圆口感更劲道。

3.开水上锅，可以避免蒸制过久，这样肉圆的肉质嫩。

❋ 菜品点评

1.技术标准与操作规范达成情况表（见表2-31）

表2-31 　　　　　　　　　　　技术标准与操作规范达成情况

指标 分值 姓名	制作速度	标准数量	色泽	质感	口味	刀工	造型	合计
	20	10	10	10	10	20	20	

2.自我反思（表2-32）

表2-32 　　　　　　　　　　　制作糯米丸子自我剖析

主要工艺环节	操作规范达成情况	存在问题	解决思路与方法
原料选用			
造型设计			
刀工			
拼摆			

▶▶ 拓展思考

糯米丸子是否还可以根据个人喜欢加入马蹄、虾肉等，增添风味？

任务十七　制作茶叶小河虾

》》 理论知识

一、营养价值

小河虾性温味甘、微温，入肝、肾经；营养丰富，且其肉质松软，易消化，对身体虚弱以及病后需要调养的人是极好的食物；虾中含有丰富的镁，镁对心脏活动具有重要的调节作用，能很好地保护心血管系统，它可减少血液中胆固醇含量，防止动脉硬化，同时还能扩张冠状动脉，有利于预防高血压及心肌梗死；虾的通乳作用较强，并且富含磷、钙，对小儿、孕妇尤有补益功效；而经分析鉴定茶叶内含化合物多达500种左右，含有多种维生素及含有人体所需的大量元素和微量元素；如果你认为茶叶小河虾只是将茶叶和小河虾做一个简单的结合，那就太低估了。茶叶有独特的清香味，与新鲜的小河虾搭配之后，会产生意想不到的美味。

二、食材的挑选

茶叶小河虾的食材如图2-30所示。

主料：小河虾200克

辅料：茶叶50克

调料：盐5克　料酒10克　姜5克　蒜5克　葱段5克　红椒10克　青椒10克
　　　干辣椒10　花椒籽5克

图2-30　茶叶小河虾的食材

❖ 制作步骤

1.将小河虾用清水洗净后，用适量料酒、盐、姜片、葱段拌匀码味5分钟。

2.锅内加油小半锅（约200毫升）烧至七成热时，下小河虾炸至色红酥脆，捞出沥油待用。

3.锅内留底油，烧至四成热时，下干辣椒、花椒籽、茶叶、姜片、蒜用中火炒出香味后，下炸好的小河虾炒1分钟，放盐、葱节、青椒、红椒翻炒起锅即成。

❖ 制作要点

1.炸小河虾时，注意控油温，切忌炸煳。

2.炒茶叶时要不停地翻炒，避免茶叶炒煳。

茶叶小河虾的制作成品如图2-31所示。

图2-31　茶叶小河虾

❖ 菜品点评

1.技术标准与操作规范达成情况表（见表2-33）

表2-33　　　　　　　　　　技术标准与操作规范达成情况

指标 分值 姓名	制作速度	标准数量	色泽	质感	口味	刀工	造型	合计
	20	10	10	10	10	20	20	

2.自我反思（见表2-34）

表2-34 制作茶叶小河虾自我剖析

主要工艺环节	操作规范达成情况	存在问题	解决思路与方法
原料选用			
造型设计			
刀工			
拼摆			

▶▶ **拓展思考**

春季是采摘茶叶的季节，用什么阶段的茶叶用来烹制这道菜最合适？

拓展阅读

　　茶文化是土家族饮食文化的主要组成部分，土家族地区盛产茶叶，而且加工制作技术精细，历史悠久，茶叶是土家族地区向中央王朝朝贡的驰名方物。茶叶是土家族地区的家常饮料，成为生活的必需品，又有独特用法。最具有民族风味特点的是油茶汤。土家族的油茶汤有悠久的制作饮用历史。陆羽在《茶经》中记载唐宋时"荆巴间，看茶叶做饼，叶老者饼以茶膏出之，欲者各饮，先圣令赤色，捣末，置瓷器中，以汤覆之，用葱、姜、橘呈之，其醒酒，令人不服"。有的地方称之为擂茶："取吴萸、胡桃共捣烂煮沸作茶，此惟黔咸接壤处有之。"

　　说到茶，你了解酉阳有哪些好茶吗？

　　有木叶乌龙茶；出名的宜居茶：早在明清时，宜居高档绿茶就因其泡之汤色碧绿，饮之唇舌生香而成为进贡皇宫的贡品。数百年过去了，宜居茶仍然好评如潮。这里曾经出产的"双池毛尖"还曾获"国家茶叶食品展览金奖"；曾经享誉一时的铜鼓红井茶；现在流行的后坪苦荞茶。

任务十八　制作土家八宝饭

>> 理论知识

一、历史渊源

关于八宝饭的由来各有说法,据说八宝饭是周王伐纣后的庆功美食,所谓"八宝"指的是辅佐周王的八位贤士。民间也称八宝饭与古代的八宝图渊源颇深。所谓八宝,分别是玉鱼、和合、鼓板、磬、龙门、灵芝、松、鹤八种祥瑞之物,有祈求吉祥平安之意。

二、食材的挑选

主料:糯米200克

辅料:枸杞5克　红枣5克　花生5克　核桃10克　瓜子5克　莲子5克
　　　银杏果2克　芝麻5克

调料:猪油50克　白糖适量

◈ 制作步骤

1.糯米提前一晚用冷水浸泡(至少4小时),稍微淘一下滤去多余水分。

2.蒸锅放置干净纱布,糯米打散平铺入内。不加盖以大火蒸约30分钟,见蒸汽上冒,米呈玉色时在米上喷洒一些冷水,至表面米粒湿润即可,这样可以使米更软糯且均匀,是为了保持颗粒分开不粘。米蒸半熟即可。然后加盖继续蒸约5分钟。

3.蒸好后趁热,加入白糖和融化的猪油,把糯米搅拌均匀。

4.将准备好的红枣去核切条,另配枸杞子、莲子、花生、核桃、瓜子、银杏果摆碗底。

5.将糯米放入铺有枸杞、红枣等的碗中压平,基本与碗面水平。

6.上锅再蒸60分钟后,倒扣盘中,撒上芝麻即可。

◈ 制作要点

1.糯米淘洗时不必像淘米一样反复淘影响黏性。也不用滤太干,稍微留点水分也好。不用太勤劳，只要马马虎虎就行。

2.加入白糖和猪油时，可根据自己的口味加入适合的分量。

3.糯米放入碗中，一定要压平压紧，防止蒸散。

八宝饭的制作成品如图2-32所示。

图2-32　八宝饭

菜品点评

1.技术标准与操作规范达成情况表（见表2-35）

表2-35　技术标准与操作规范达成情况

指标 / 分值 / 姓名	制作速度	标准数量	色泽	质感	口味	刀工	造型	合计
	20	10	10	10	10	20	20	

2.自我反思（见表2-36）

表2-36　　　　　　　　　　制作八宝饭自我剖析

主要工艺环节	操作规范达成情况	存在问题	解决思路与方法
原料选用			
造型设计			
刀工			
拼摆			

▶▶ **拓展思考**

在八宝饭的制作中，根据现代的口味，猪油可以用什么来代替？

拓展阅读

民间美食小故事之——"八宝饭"的由来！

宋朝年间，在一场激烈的战争中，一位领头的将军打了败仗，被迫之下只好脱掉战袍，换上一身老百姓的衣服，往返的途中，心中害怕一路上有追上来的士兵，只好往人烟稀少的小道走，心中的恐惧可想而知。这一路上饥寒交迫，又恰逢寒冬，大雪纷飞……又饿又累的他挨过了昨天，却熬不过今夜，终于饿晕在一座无人打理的破庙里。醒来时发现耳朵撕心裂肺般的疼痛，原来，是一只老鼠在咬他的耳朵，饥饿难忍的他用最后一丝力气站起来，心想：我今天非得把你这只老鼠打死不可，我要把你的肉烤来吃！惊慌失措的老鼠一溜烟钻进了洞，怒火未消的他不管三七二十一，折了半截树枝一个劲儿地往老鼠洞里捅，甚至掘开了整个老鼠洞，这时，意外的事情发生了，什么杏干、大枣、葡萄干、小米、核桃仁等好吃的东西纷纷滚落出来，散了一地！将军被这突如其来的东西乐坏了，数了一下正好八样食材，于是，他用树枝生火，香炉做锅，做出了一道美食，终于填饱了肚子，救了自己一命。这件事情让他终生难忘，每年只要到了这一天，他都会烧一碗以这八种食材为主的饭，回忆当年当天的经历和心中的无奈，后来，便流传到了民间，成就了当今的"八宝饭"！

项目三

制作酉阳土家特色凉菜

学习目标

知识目标

1. 了解本地土家特色凉菜的渊源。

2. 掌握每道特色凉菜的制作原料知识。

3. 掌握每道特色凉菜的制作步骤。

4. 熟悉每道特色凉菜的适用范围。

5. 懂得食物相生相克知识。

技能目标

1. 能够向人介绍每道特色凉菜的历史渊源。

2. 能够熟练挑选每道特色凉菜合适的食材并掌握选料要鲜、用料要广的要领。

3. 能够熟练运用食材制作菜品。

4. 能够正确掌握火候、时间。

职业素养目标

1. 培养学生热爱本地民族文化。

2. 培养学生热爱劳动、勤俭节约、健体养生的品质。

3. 培养学生热爱大自然，保护生态环境。

4. 培养学生追求美好幸福的生活。

任务一　制作龚滩豆腐干

》 理论知识

一、历史渊源

龚滩古镇位于乌江与阿蓬江交汇处，自古以来便是乌江流域乃至长江流域的货物中转站。据传在很久以前凡是路过龚滩的商人都要下船品尝龚滩豆腐，很多船商吃完后想打苞带一些在船上品尝，但由于豆腐保质时间短，又不便于携带，想了很多办法都没有带走。有一家卤菜店的主人便想，卤肉可以带走，便于携带，还可以即食，为什么豆腐不可以呢？便在卤肉的时候放了几块豆腐进去，卤好过后，拿出豆腐品尝，没想到，豆腐的味还在，而且色香味俱全，好吃的同时，也便于携带。从此以后，路过的商人都会带一些豆腐干在船上食用。直到现在，每家龚滩客家都有一道凉菜，龚滩卤豆腐干。

二、食材的挑选

主料：豆腐干

辅料：龚滩秘制卤水

❖ 制作步骤

1. 用盐水浸泡豆干3小时。

2. 将豆干放入龚滩传统秘制卤水，小火卤煮1小时入味。

3. 捞出沥干，自然冷却，切片装盘。

4. 根据个人口味配制辣椒碟。

要点提示：一定要用盐水浸泡方才可以入味。

龚滩豆腐干的制作成品如图3-1所示。

图3-1　龚滩豆腐干

❖ 菜品点评

1.技术标准与操作规范达成情况表（见表3-1）

表3-1　　　　　　　　　　　技术标准与操作规范达成情况

指标 分值 姓名	制作速度	标准数量	色泽	质感	口味	刀工	造型	合计
	20	10	10	10	10	20	20	

2.自我反思（见表3-2）

表3-2　　　　　　　　　　　制作龚滩豆腐干自我剖析

主要工艺环节	操作规范达成情况	存在问题	解决思路与方法
原料选用			
造型设计			
刀工			
拼摆			

▶▶ 拓展思考

如果用其他卤水进行卤制，又会是什么味道呢？

拓展阅读

豆腐干，中国传统豆制品之一，是豆腐的再加工制品。咸香爽口，硬中带韧，久放不坏，是中国各大菜系中都有的一道美食。豆腐干中含有丰富蛋白质，而且豆腐蛋白属完全蛋白，不仅含有人体必需的8种氨基酸，而且其比例也接近人体需要，营养价值较高。豆腐干含有多种矿物质，可以补充钙质，防止因缺钙引起的骨质疏松，促进骨骼发育，对小儿、老人的骨骼生长极为有利。豆腐干在制作过程中会添加食盐、茴香、花椒、大料、干姜等调料，既香又鲜，久吃不厌，被誉为"素火腿"。但卤豆干钠的含量较高，糖尿病、肥胖或其他慢性病如肾脏病、高血脂患者要慎食。老人、缺铁性贫血患者尤其要少食。

任务二　制作椒美人

>> 理论知识

一、历史渊源

据说有一位厨子在厨房油炸酥肉时，不小心把放在一旁的花椒叶弄进了调制好的面粉中去，他想酥肉炸出来又香又酥，而花椒叶自带清香，又有麻味，炸出来是什么效果呢？于是就干脆把掉在面粉里面的花椒叶与酥肉一起炸了，炸出来一吃，没想到比酥肉更好吃，香酥爽口，回味无穷。于是一传十，十传百，本地又盛产青花椒，就成了当地的一道特色菜。

二、食材的挑选

椒美人的食材如图3-2所示。

主料：花椒叶100克

配料：鸡蛋4个　面粉50克　盐5克

图3-2　椒美人的食材

◈ 制作步骤

1. 花椒叶洗净，用淡盐水泡30分钟杀菌，捞起沥干水分。
2. 鸡蛋、面粉、盐调匀，均匀地裹在花椒叶上。

3.锅内热油烧到三至四成，放入裹浆的花椒叶炸香即可。

要点提示：油温不能太高，中小火浸炸。

椒美人的制作成品如图3-3所示。

图3-3 椒美人

※ **菜品点评**

1.技术标准与操作规范达成情况表（见表3-3）

表3-3　　　　　　　　　　　　技术标准与操作规范达成情况

指标 分值 姓名	制作速度	标准数量	色泽	质感	口味	刀工	造型	合计
	20	10	10	10	10	20	20	

2.自我反思（见表3-4）

表3-4　　　　　　　　　　　　制作椒美人自我剖析

主要工艺环节	操作规范达成情况	存在问题	解决思路与方法
原料选用			
造型设计			
刀工			
拼摆			

>> 拓展思考

青花椒叶除了油炸以外，在哪些菜品中也会用到？

拓展阅读

　　青花椒有芳香健胃、温中散寒、除湿止痛、杀虫解毒、止痒解腥的功效。可除各种肉类的腥气；促进唾液分泌，增加食欲；使血管扩张，从而起到降低血压的作用。服花椒水能去除寄生虫，经常肚子疼、胃口不好平时吃得少或者是呕吐清水的人可以食用；还有生完孩子的妈妈们如果有断奶的症状也可以吃花椒帮助一下。花椒属于刺激性辛辣的东西，每个人都不能吃太多。尤其是阴虚火旺的人，孕妇应该尽量避免吃花椒或者是花椒油。

任务三　制作凉拌折耳根

>> **理论知识**

一、历史渊源

据传某年夏季，突然武陵山区出现一种疾病，一旦染上这种病，就一直拉肚子，身体发寒，无法正常劳作。传播速度也很快，没多久到处都是病人。一时间，闹得人心惶惶。就在这时有一位道士拿了一把折耳根对村子里的人说："这种草可以治这种病，大家不妨试试吧。"村民们说："这不是猪吃的草吗，怎么可以治病？"半信半疑，想了想，反正猪都可以吃，人应该也可以吃，那就死马当作活马医吧，试一试也无妨。于是，村民们就拖着病躯上山下地挖折耳根，果然病情见好。原来，这位道士平时喜欢研究草药，只要动物能吃的他都会试试，了解其功效。在疾病流行的时候正是夏季，他经常吃折耳根，周围的村民都病了，他却没事，也知道折耳根清热解毒，于是让村民们试试，没想到果然药到病除。于是武陵山区土家人对折耳根特别珍爱，觉得越吃越好吃。吃的方法也越来越讲究，有清嚼、凉拌等。就这样一直吃到今天，吃出了一种传统美味，吃出了一道药食同源的佳肴。

二、食材的挑选

凉拌折耳根的食材如图3-4所示。

主料：新鲜折耳根200克

配料：盐10克　蒜末5克　酱油3克　醋3克　姜末5克　香油2克

　　　白糖3克　干辣椒10克　味精2克　花椒籽2克

图3-4　凉拌折耳根的食材

制作步骤

1.将新鲜折耳根摘去老根，洗净，切成3厘米左右小段。

2.用淡盐水浸泡30分钟，沥干水分。

3.将酱油、香油、白糖、醋、蒜末、味精混合，拌入折耳根。

4.锅内加油至三成热，干辣椒切断与花椒籽同时放入，炝香，乘热淋入折耳根，拌匀即可。

凉拌折耳根的制作成品如图3-5所示。

图3-5　凉拌折耳根

菜品点评

1.技术标准与操作规范达成情况表（见表3-5）

表3-5　　　　　　　　　　　　技术标准与操作规范达成情况

分值 指标 姓名	制作速度	标准数量	色泽	质感	口味	刀工	造型	合计
	20	10	10	10	10	20	20	

2.自我反思（见表3-6）

表3-6　　　　　　　　　　　制作凉拌折耳根自我剖析

主要工艺环节	操作规范达成情况	存在问题	解决思路与方法
原料选用			
造型设计			
刀工			
拼摆			

▶▶ 拓展思考

鲜嫩折耳根主要用于凉拌，是否可以炒熟食用？味道怎样呢？

拓展阅读

折耳根又名鱼腥草，具有清热解毒，利尿消肿。治肺炎、肺脓疡、热痢、疟疾、水肿、淋病、白带、痈肿、痔疮、脱肛、湿疹、秃疮、疥癣。但折耳根性寒凉，凡脾胃虚寒或患有虚寒性病症者均忌食。

任务四　制作麻辣牛肉

》 理论知识

一、历史渊源

相传，唐代著名诗人元稹在通州（今四川达川一带）任司马时，一天到一家酒肆小酌。酒菜中的一种牛肉片，色泽红润油亮，十分悦目，味道麻辣鲜香，非常可口，吃进口酥脆而后自化无渣，食后回味无穷，使元稹赞叹不已。更使他惊奇的是，这牛肉片肉质特薄，呈半透明状，用筷子夹起来，在灯光下红色牛肉片上丝丝纹理会在墙壁上反映出清晰的红色影像来，极为有趣。他顿时想起当时京城里盛行的"灯影戏"（现通称皮影戏，其表演时用灯光把兽皮或纸板做成的人物剪影投射到幕布上），何其相似乃尔，兴致所至，当即唤之为"灯影牛肉"。酉阳土家的"麻辣牛肉"与"灯影牛肉"在选料和做工上极其相似。

二、食材的挑选

主料：黄牛肉后腿500克

香料：花椒50克　八角2粒　小茴香2克　桂皮3克　香叶2片　草果1粒

　　　丁香1克　肉蔻2克　陈皮5克

配料：辣椒粉60克　花椒粉20克　白糖30克　盐10克　味精3克　熟芝麻适量

❖ 制作步骤

1.将牛肉放入沸水中煮出血沫，捞出浸入凉水。

2.锅中倒清水，放入所有香料和盐一起煮沸，再放入牛肉大约煮1小时，捞出沥干水分。

3.将牛肉切片，锅内倒入较多油烧至微热，倒入白糖小火炒出糖色，放入牛肉炸至金黄捞出。

4.锅内留少量油，再倒入辣椒粉、花椒粉、熟芝麻、味精炒均匀即可。

麻辣牛肉的制作成品如图3-6所示。

图3-6　麻辣牛肉

菜品点评

1.技术标准与操作规范达成情况表（见表3-7）

表3-7　　　　　　　　技术标准与操作规范达成情况

指标 分值 姓名	制作速度 20	标准数量 10	色泽 10	质感 10	口味 10	刀工 20	造型 20	合计

2.自我反思（见表3-8）

表3-8　　　　　　　　制作麻辣牛肉自我剖析

主要工艺环节	操作规范达成情况	存在问题	解决思路与方法
原料选用			
造型设计			
刀工			
拼摆			

拓展思考

根据麻辣牛肉的做法去思考一下五香牛肉怎么做？

拓展阅读

　　麻辣牛肉干是川菜中的私家菜，酉州地区主产本地黄牛，而黄牛肉属于温热性质的肉食，有助于补气，是气虚之人进行食养食疗的首选肉食，就好像气虚之人进行药疗常常首选黄芪那样，所以《韩氏医通》说"黄牛肉补气，与绵黄芪同功"。黄牛肉含蛋白质、脂肪、维生素B_1、维生素B_2、钙、磷、铁，又含胆固醇、必需氨基酸等。气味甘、温、无毒。温补脾胃，益气养血，强壮筋骨，消肿利水。主治脾胃阳虚、脘腹疼痛、泄泻、脱肛、水肿、精血亏虚、消瘦乏力、筋骨酸软等。

任务五　制作酸菜竹笋

≫ 理论知识

一、历史渊源

酸菜在土家族是一道家喻户晓的开胃菜。据说有一年春季，有户人家人在山上挖了很多的竹笋，拿到集市上去卖，后来没有卖掉，还剩下了很多，由于竹笋的新鲜度保存期比较短，扔了又可惜，于是用各种方法吃剩下的竹笋。突然有天他想着用酸菜与竹笋炒着吃，当炒出来正准备品尝的时候，有急事离开了，等回来的时候菜已经冷了，想着酸菜和竹笋都可以冷着吃，于是端着饭就开始吃。吃着吃着就发现这道菜味道咸酸，口感脆生，色泽鲜亮，香味扑鼻，开胃提神，醒酒去腻。酸菜炒竹笋就在武陵山区流传了下来。

二、食材的挑选

酸菜竹笋的食材如图3-7所示。

主料：竹笋200克　酸菜250克

配料：盐3克　蒜5克　味精2克

图3-7　酸菜竹笋的食材

▒ 制作步骤

1.将竹笋洗净切片放入锅中。

2.加入冷水，煮沸3分钟，捞出沥干水。

3.锅中放入适量油，倒入酸菜和竹笋翻炒，加盐、蒜味精翻炒6分钟即可。

要点提示：酸菜本身含盐，一定要少放盐。

酸菜竹笋的制作成品如图3-8所示。

图3-8 酸菜竹笋

❖ 菜品点评

1.技术标准与操作规范达成情况表（见表3-9）

表3-9 技术标准与操作规范达成情况

指标 分值 姓名	制作速度	标准数量	色泽	质感	口味	刀工	造型	合计
	20	10	10	10	10	20	20	

2.自我反思（见表3-10）

表3-10 制作酸菜竹笋自我剖析

主要工艺环节	操作规范达成情况	存在问题	解决思路与方法
原料选用			
造型设计			
刀工			
拼摆			

▶▶ **拓展思考**

酸菜是否还可以加入其他食材一起炒呢？

拓展阅读

　　酸菜是世界三大酱腌菜之一。酸菜具有制作简便、风味美好、食用方便、不限时令等优点。酸菜不仅是佐餐佳品，而且有保健作用。酸菜中富含膳食纤维，能增进肠胃消化；它保存有大量维生素C、植物酵素，易被人体吸收利用，而硝酸盐类在酵素的作用下，不能还原成亚硝酸盐，具有防癌作用，酸菜忌生食。

任务六　　制作酸辣荞粉

≫ 理论知识

一、历史渊源

相传在古晋朝时，国君育有九子，分域而治。有年，瘟疫流传甚广，病者四肢乏力，高烧不止，吃药也无济于事。短短十日，死伤无数。顿时，军民人人自危。且说八太子殊，治国有方，素有贤名。目睹百姓食不果腹、病魔缠身，心如刀割。每日必焚香求神佑民。殊遂上书为民请命避祸，随后携民众三千，入雁门地带。每有民众生病，殊总问病在侧，重泪相伴。食粮将罄，瘟风正盛，殊与民采野果、野菜度日。这天，掌管天庭司药的神农氏采药归，化作乞儿，混在民众中，欲掌控病情，解民倒悬。殊待如宾。神农感其诚恳悯农，将疫情上奏玉帝，久无帝讯。而瘟风日盛。神农情急，遂冒死盗来玉帝雁门苦荞仙麦，撒向雁门大地。翌日，遍野雁门苦荞麦。殊率民众采收麦粒。军民不忌其苦，唯求果腹不饥。数日，瘟疾不治而愈，百姓得以安康。西阳县的后坪乡被称为"苦荞之乡"。苦荞是自然界中甚少的药食两用作物，因为其特殊的生长环境，其本身富含硒，可以对人体起到自然补充硒的作用，有着卓越的营养保健价值和非凡的食疗功效。

二、食材的挑选

主料：苦荞面200克

配料：红辣椒10克　　青辣椒10克　　酱油3克　　米醋8克　　盐2克　　白糖2克　　辣椒油20克　　香菜适量

❖ 制作步骤

1.将青、红辣椒洗净后斜切成片。

2.锅中加入清水，放入荞粉大火煮开，然后改成中火煮约6分钟，至用筷子挑起能轻松夹断即可。

3.煮好的荞粉马上放入凉水中充分过凉，捞出沥干装盘，倒入橄榄油搅拌均匀。

4.将酱油、米醋、香油、盐白糖混合，淋入荞粉，放上青、红辣椒片和香菜即可。

　　要点提示：过凉后马上用橄榄油或者辣椒油搅拌，否则会粘在一起。

　　酸辣荞粉的制作成品如图3-9所示。

图3-9　酸辣荞粉

❖ 菜品点评

1.技术标准与操作规范达成情况表（见表3-11）

表3-11　　　　　　　　　　技术标准与操作规范达成情况

姓名＼指标分值	制作速度	标准数量	色泽	质感	口味	刀工	造型	合计
	20	10	10	10	10	20	20	

2.自我反思（见表3-12）

表3-12　　　　　　　　　　制作酸辣荞粉自我剖析

主要工艺环节	操作规范达成情况	存在问题	解决思路与方法
原料选用			
造型设计			
刀工			
拼摆			

▶▶ **拓展思考**

除了酸辣荞粉以外，还有麻辣荞粉，还可以做出什么口味呢？

拓展阅读

　　荞麦面是一种灰黑的荞麦粉做成的面条，其貌不扬，营养价值却很高。荞麦面蛋白质含量高，氨基酸配比合理，可以美颜、瘦身、预防许多都市白领容易患上的慢性病，具有很好的营养保健作用。与其他谷物相比，荞麦的营养价值绝不逊色。其蛋白质中的氨基酸结构合理，质量也很好。蛋白质是由12种氨基酸结合而成，其中的8种氨基酸人体自身无法合成，必须通过食物来补充。这8种氨基酸中，缺少任何一种，都会影响到人体必需的蛋白质的构成，所以均衡营养结构是非常重要的。最适合食用荞麦的就是老年人和小孩子，偶尔吃一吃荞麦面条，老年人可以用来减血脂、降血压。小孩子在成长期间更是少不了荞麦。但是对于肠胃消化功能不是特别好的人而言，荞麦面不是很容易消化，作为早餐，应该将荞麦面作为配餐，搭配小麦面条一起食用。

任务七　制作土家特三丝

>> 理论知识

一、历史渊源

据传武陵山区以前一直缺盐，老百姓吃的食盐非常少，大多数的食盐都被达官贵人和地主买去了。没有食盐吃就缺碘，很多家庭因为缺碘导致儿童生长发育落后，智力低下。一位长期在外做生意的好心人，每次回来都会带食盐，但是由于盐的价格高，渠道少，他所做的也只能帮助一小部分人。有一次他到沿海地区，发现当地人吃的海带含碘高，数量又多，价格便宜，而且晾干后可以直接运输到山区。于是带了一船的海带回来，低价卖给老百姓，还教他们怎么吃，当地百姓的缺碘问题得到了解决，也养成了吃海带的习惯，商人也因此赚了一大笔钱。直到今天，土家人仍然爱吃海带，也衍生出了很多的吃法。

二、食材的挑选

土家特三丝的食材如图3-10所示。

主料：海带50克　胡萝卜50克　干粉丝100克

辅料：木耳10克　青椒末10克　小米红椒末10克

配料：盐4克　葱5克　酱油（生抽）5克　红醋4克　姜末5克　鸡精2克
　　　木姜油少许

图3-10　土家特三丝的食材

◈◈◈ **制作步骤**

1.将木耳、海带、胡萝卜洗净，切成细丝，放入沸水中烫2分钟，捞出沥水。

2.干粉丝泡发，洗净，切成小段，烫至熟。

3.将三丝及辅料放入盆中，再加入所有配料拌均匀装盘即可。

土家特三丝的制作成品如图3-11所示。

图3-11　土家特三丝

◈◈◈ **菜品点评**

1.技术标准与操作规范达成情况表（见表3-13）

表3-13　　　　　　　　　　技术标准与操作规范达成情况

指标 分值 姓名	制作速度 20	标准数量 10	色泽 10	质感 10	口味 10	刀工 20	造型 20	合计

2.自我反思（见表3-14）

表3-14　　　　　　　　　　制作土家特三丝自我剖析

主要工艺环节	操作规范达成情况	存在问题	解决思路与方法
原料选用			
造型设计			
刀工			
拼摆			

▶▶ **拓展思考**

土家特三丝主料除了粉丝、海带、胡萝卜以外，还可以换成其他什么食材？

拓展阅读

1.胡萝卜是一种质脆味美、营养丰富的家常蔬菜，素有"小人参"之称。胡萝卜富含糖类、脂肪、挥发油、胡萝卜素、维生素A、维生素B_1、维生素B_2、花青素、钙、铁等营养成分。

2.海带又名江白菜，是一种生长在海底岩石的藻类。海带含有丰富的钾、碘等矿物质，能为人体提供许多营养。

3.粉丝的营养成分主要是碳水化合物、膳食纤维、蛋白质、烟酸和钙、镁、铁、钾、磷、钠等矿物质。粉丝有良好的附味性，它能吸收各种鲜美汤料的味道，再加上粉丝本身的柔润嫩滑，更加爽口宜人，凉拌味道更佳。

任务八　制作香卤麻旺鸭

>> 理论知识

一、历史渊源

鸭子产于本地麻旺镇，所以称为麻旺麻鸭，属于优良地方麻鸭品种，适于稻田及河谷饲养，该品种具有适应性强、耐寒、性早熟、产蛋量高、适于放牧饲养等特点。卤水选用20多年的老卤水，其选料严格，用料考究，配比得当，卤出的鸭子，色香味美，骨香肉酥，皮薄肉瘦，肥而不腻，具有独特的地方风味。

二、食材的挑选

香卤麻旺鸭的食材如图3-12所示。

主料：本地麻旺麻鸭1只（400克）

配料：葱3根　姜片20克　酱油30克　醋3克　桂皮30克　八角10克

　　　山奈10克　丁香5克　茴香30克　花椒10克　陈皮10克　香叶5克

　　　冰糖5克　料酒10克　盐10克　冰糖50克

图3-12　香卤麻旺鸭的食材

◈◈ 制作步骤

1.将鸭子洗净，清除杂毛，冷水入锅。

2.加入姜片、桂皮、八角、山奈、丁香、茴香、花椒、陈皮、香叶、料酒、葱，大火烧开煮沸，倒入酱油盖上锅盖转小火炖1小时（其间给鸭翻身4次）。

3.汤汁煮至小半时，加入冰糖，继续小火炖煮，每过几分钟，将汤汁舀起淋在鸭上，直至汤汁稀少而黏稠。

4.鸭子捞出放凉，沥干卤水，切片摆盘。

5.将汤里的渣过略掉，将浓稠的卤汁浇上即可。

香卤麻旺鸭的制作成品如图3-13所示。

图3-13 香卤麻旺鸭

菜品点评

1.技术标准与操作规范达成情况表（见表3-15）

表3-15 技术标准与操作规范达成情况

指标 分值 姓名	制作速度	标准数量	色泽	质感	口味	刀工	造型	合计
	20	10	10	10	10	20	20	

2.自我反思（见表3-16）

表3-16 制作香卤麻旺鸭自我剖析

主要工艺环节	操作规范达成情况	存在问题	解决思路与方法
原料选用			
造型设计			
刀工			
拼摆			

▶▶ **拓展思考**

用同样的方法卤鸡或者猪肉会是一样的味道吗？

拓展阅读

鸭是为餐桌上的上乘肴馔，也是人们进补的优良食品。鸭肉的营养价值与鸡肉相仿。但在中医看来，鸭子吃的食物多为水生物，故其肉性味甘、寒，入肺胃肾经，有滋补、养胃、补肾、除痨热骨蒸、消水肿、止热痢、止咳化痰等作用。凡体内有热的人适宜食鸭肉，体质虚弱，食欲不振，发热，大便干燥和水肿的人食之更为有益。鸭肉中的脂肪酸熔点低，易于消化。所含B族维生素和维生素E较其他肉类多，能有效抵抗脚气病、神经炎和多种炎症，还能抗衰老。鸭肉中含有较为丰富的烟酸，它是构成人体内两种重要辅酶的成分之一，对心肌梗死等心脏疾病患者有保护作用。适用于体内有热、上火的人食用；发低热、体质虚弱、食欲不振、大便干燥和水肿的人，食之更佳。同时适宜营养不良，产后病后体虚、盗汗、遗精、妇女月经少、咽干口渴者食用；还适宜癌症患者及放疗化疗后的患者，以及糖尿病、肝硬化腹水、肺结核、慢性肾炎浮肿者食用；身体虚寒，因受凉引起不思饮食、胃部冷痛、腹泻清稀，腰痛及寒性痛经，肥胖，动脉硬化，慢性肠炎者应少食；感冒患者不宜食用。

任务九　制作香酥洋芋片

》 理论知识

一、历史渊源

据传约在160年前，纽约州萨拉托加温泉的高级度假村，有位名叫乔治·克伦的主厨。有一天，他为一名客人炸了一盘薯条，但是被嫌太粗厚，被服务生退回厨房改善，他就把薯条切薄一半后再上桌，但是客人仍然不满意。懊恼不已的主厨，就随手拿几颗马铃薯去皮后，故意切得薄如纸片，再下油锅炸成卷曲的，脆脆的，一叉就破的"薯条片"，盛盘后又故意多洒了一些盐巴。要整一整那位吹毛求疵的客人，使他无法用刀叉来吃薯条，出出丑态。结果适得其反，该客人反而非常喜爱这种薄片、吃起来有"咔滋咔滋"的声响、酥脆无比、咸香的美味，又多叫了一盘，就连临座的客人也被这种薄片所吸引，纷纷要求点它。这种广受欢迎的薄片就被称为"萨拉托加薯片"。后来这种"萨拉托加薯片"就流传开来，最后演变成如今口味多样的洋芋片。

二、食材的挑选

香酥洋芋片的食材如图3-14所示。

主料：干洋芋100克

辅料：油

图3-14　香酥洋芋片的食材

制作步骤

1.锅中放入较多的油。

2.油温烧至八成热时放入洋芋片。

3.用锅铲快速翻炒，至洋芋片完全膨胀开，出现金黄色时立刻捞起装盘。

要点提示：油温不能太高。

香酥洋芋片的制作成品如图3-15所示。

图3-15　香酥洋芋片

菜品点评

1.技术标准与操作规范达成情况表（见表3-17）

表3-17　　　　　　　　　　　技术标准与操作规范达成情况

分值\指标\姓名	制作速度	标准数量	色泽	质感	口味	刀工	造型	合计
	20	10	10	10	10	20	20	

2.自我反思（见表3-18）

表3-18　　　　　　　　　　　制作香酥洋芋片自我剖析

主要工艺环节	操作规范达成情况	存在问题	解决思路与方法
原料选用			
造型设计			
刀工			
拼摆			

▶▶ **拓展思考**

炸好的洋芋片可以加盐调味，加白糖可以吗?

拓展阅读

　　干洋芋片的制作：将新鲜的洋芋去皮切薄片，放入沸水中，煮至七成熟时捞出。在大太阳下将洋芋片一片一片铺开，晒至干透。一定要一次晒干，若太阳不够大，可用炭火烘干，但干洋芋片颜色会变黑。

项目四
制作酉阳土家特色汤菜

📖 学习目标

知识目标

1.了解本地土家特色汤菜的渊源。

2.掌握每道土家特色汤菜的制作原料知识。

3.掌握每道土家特色汤菜的制作步骤。

4.熟悉每道土家特色汤菜的适用范围。

5.懂得食物相生相克知识。

技能目标

1.能够向人介绍每道土家特色汤菜的历史渊源。

2.能够熟练挑选合适的食材并掌握选料要鲜,用料要广的要领。

3.能够熟练运用食材制作菜品。

4.能够熟练掌握煲汤的时间及火候。

职业素养目标

1.培养学生热爱本地民族文化。

2.培养学生热爱劳动、勤俭节约、健体养生的品质。

3.培养学生热爱大自然,保护生态环境。

4.培养学生追求美好幸福的生活。

任务一　制作油渣菜豆腐

>> **理论知识**

一、历史渊源

本菜品最早由谁发明的已经无从考证，但坊间流传的说法是与汉高祖刘邦有关，当年刘邦被封为汉中王时就有此吃法，由此可见其历史悠久。不管它是什么时候被发明的，现如今菜豆腐俨然就是酉阳土家美食的代表。如果酉阳朋友用菜豆腐招待你，那无疑是把你当作贵客来看待了。

二、食材的挑选

油渣菜豆腐的食材如图4-1所示。

主料：精选黄豆1000克　青菜500克

辅料：石膏适量　高汤1000克　油渣150克

配料：姜5克　蒜5克　食盐15克　鸡精10克　胡辣壳0.5克　葱花少许
　　　食用油适量　红油适量

图4-1　油渣菜豆腐的食材

◈ **制作步骤**

1.把精选黄豆隔夜用冷水泡至发胀为宜，将水倒掉，重新按照1.5∶1的比例加上干净的清水。

2.用石磨将已泡至发胀的黄豆和清水同时用勺子少量地加入石磨中，磨出的黄豆不能有颗粒。要点：由于石磨自身重，通过石磨磨出的黄豆，口感更好、更香。黄豆浆中带少许小颗粒，在食用过程中是"沙沙"的口感。

3.将磨好的豆浆用包袱过滤，去除豆渣。

4.将过滤好的豆浆放入锅中烧开至90~100℃。

5.将提前洗净的青菜切碎。

6.将洗净的青菜倒入烧开的锅中搅拌均匀，同时将火熄灭。

7.将适量的石膏放入锅中搅拌均匀，盖上锅盖，等至5分钟左右打开锅盖，同时加点小火至菜豆腐成团状，从锅中捞出，成品菜豆腐完成。

8.将成品菜豆腐放入小锅中。

9.将适量的食用油放入炒锅中烧至30℃油温，放入姜、蒜、胡辣壳炒出香味，将准备好的高汤加入炒锅中烧开至100℃，然后加食盐、鸡精。

10.将烧开的高汤倒在成品的菜豆腐锅中，加入适量的红油和已经炒好的油渣，撒上葱花出锅，菜品完成。

油渣菜豆腐的制作成品如图4-2所示。

图4-2　油渣菜豆腐

❖❖ 菜品点评

1.技术标准与操作规范达成情况表（见表4-1）

表4-1　　　　　　　　　　技术标准与操作规范达成情况

指标 分值 姓名	制作速度	标准数量	色泽	质感	口味	刀工	造型	合计
	20	10	10	10	10	20	20	

2.自我反思（见表4-2）

表4-2 制作油渣菜豆腐自我剖析

主要工艺环节	操作规范达成情况	存在问题	解决思路与方法
原料选用			
造型设计			
刀工			
拼摆			

▶▶ **拓展思考**

土家人通常在煮菜豆腐的过程中加入少量油渣一起，既增加了口感，又让人看起来很有食欲，香气十足。除油渣以外，还有什么和菜豆腐一起，能够增加本菜的色香味？

拓展阅读

这两年火锅甚是流行，于是应运而出了菜豆腐火锅。菜豆腐之所以合适下火锅，和其原本的吃法有很大关系。而清汤锅煮菜豆腐更是一绝，吃前先呷一口热滚滚的汤，吹一吹品品香气，再夹一筷子汤里的豆腐放油碗里涮涮，正好凉点了送入口中，细嚼慢咽，浓香悠长，弥漫鼻息。一般菜豆腐都是下在鸳鸯锅中清汤的那一边，有勇气的话还可以吃红汤的菜豆腐，那个滋味可是考验你的舌头的利器。红汤里也爱放很多花椒。这麻辣汤汁跟菜豆腐融为一体，只要你的舌头够坚毅，保管让你大汗淋漓。红汤菜豆腐只要稍微放凉一点，吃起来就刚刚好，那种不绝于唇齿之间的麻辣香味，是涮其他的食材都比不了的。

任务二　制作萝卜瓣豆腐汤

>> 理论知识

一、历史渊源

萝卜瓣豆腐汤的历史无从考究，不知从何时起，土家人民们在煮豆腐汤的时候都习惯将嫩嫩的萝卜瓣加入其中，其色香味俱全，口感极佳。

二、食材的挑选

萝卜瓣豆腐汤的食材如图4-3所示。

主料：精选萝卜瓣250克　酉阳后溪豆腐250克

辅料：高汤500克

配料：姜片0.5克　胡椒粉0.5克　食盐5克　鸡精3克　葱花少许　食用油适量

图4-3　萝卜瓣豆腐汤的食材

❖ 制作步骤

1. 将精选萝卜瓣洗净。

2. 将豆腐切成三角块。

3. 将食用油放入锅中烧至30℃后加入高汤烧开至100℃，然后加入姜片、食盐、鸡精、胡椒粉。

4. 将切好的豆腐加入。

5. 将洗净的萝卜瓣放至汤碗底部。

6.将烧开的高汤倒入汤碗中，撒上葱花，菜品完成。

❖ 菜品点评

1.技术标准与操作规范达成情况表（见表4-3）

表4-3　　　　　　　　　　　技术标准与操作规范达成情况

指标 分值 姓名	制作速度	标准数量	色泽	质感	口味	刀工	造型	合计
	20	10	10	10	10	20	20	

2.自我反思（见表4-4）

表4-4　　　　　　　　　　制作萝卜瓣豆腐汤自我剖析

主要工艺环节	操作规范达成情况	存在问题	解决思路与方法
原料选用			
造型设计			
刀工			
拼摆			

拓展阅读

　　萝卜瓣具有消食，理气，化痰，止咳，清肺利咽，散瘀消肿的功效。主治食积气滞、脘腹痞满、吐酸、呃逆、泄泻、痢疾、咽喉肿痛、咳痰、音哑、妇女乳房肿痛、乳汁不通、外治损伤瘀肿等症。

　　豆腐营养极高，含铁、镁、钾、烟酸、铜、钙、锌、磷、叶酸、维生素B_1、蛋黄素和维生素B_6。每100克结实的豆腐中，水分占69.8%，含蛋白质15.7克、脂肪8.6克、碳水化合物4.3克和纤维0.1克，能提供611.2千焦的热量。豆腐里的高氨基酸和蛋白质含量使之成为谷物很好的补充食品。豆腐脂肪的78%是不饱和脂肪酸并且不含有胆固醇，素有"植物肉"之美称。豆腐的消化吸收率达95%以上。两小块豆腐，即可满足一个人一天钙的需要量。

任务三　制作老梭镖

≫ 理论知识

一、历史渊源

老梭镖的历史无从考究，据土家的老人说，当时的经济不发达，物质资源匮乏，生产力低下，一般在4~5月就没有新鲜蔬菜可吃。于是想到将冬天的大白菜晒在太阳底下，等水分全部蒸发掉以后，放在房间通风的地方，一般是吊在房顶上来保存，等来年没菜的时候再吃。由于白菜干了过后吊在房顶上形状很像梭镖，便取名老梭镖。

二、食材的挑选

老梭镖的食材如图4-4所示。

主料：老梭镖200克

辅料：米汤500毫升

配料：姜米5克　食盐15克　葱花少许　胡椒粉2克　猪油20克

图4-4　老梭镖的食材

❖ 制作步骤

1.用温水把老梭镖泡至发胀，再用大火煮熟捞出切成1厘米的小截。

2.将锅内放入猪油烧至七成热，再放入姜米炒香，放入老梭镖和米汤水用大火烧开，加入盐、胡椒粉，改用小火熬2~3分钟，倒入汤碗中撒上葱花菜品即完成。

老梭镖的制作成品如图4-5所示。

图4-5　老梭镖

※ 菜品点评

1.技术标准与操作规范达成情况表（见表4-5）

表4-5　　　　　　　　　　　技术标准与操作规范达成情况

指标 分值 姓名	制作速度 20	标准数量 10	色泽 10	质感 10	口味 10	刀工 20	造型 20	合计

2.自我反思（见表4-6）

表4-6　　　　　　　　　　　制作老梭镖自我剖析

主要工艺环节	操作规范达成情况	存在问题	解决思路与方法
原料选用			
造型设计			
刀工			
拼摆			

▶▶ **拓展思考**

老梭镖是个汤菜，能不能烹制成凉菜呢？

拓展阅读

切记：老梭镖脾虚者不宜食用。

任务四　制作香菌苕粉汤

》 理论知识

一、历史渊源

香菌苕粉汤的历史无从考究，据说在很久以前，龚滩当地的土家老爷爷很喜欢吃本地的香菌，但是香菌一般都要跟鸡、鸭、排骨炖着吃。由于家里面很穷，买不起鸡、鸭、排骨，而家里面只有自家做的土家金丝苕粉，于是便一起煮着来吃，最后发现味道也很不错，便有了如今的香菌苕粉汤。

二、食材的挑选

香菌苕粉汤的食材如4-6所示。

主料：龚滩干香菌120克　　酉阳本土金丝苕粉200克

辅料：骨头汤500毫升

配料：姜米5克　　食盐10克　　葱花少许

图4-6　香菌苕粉汤的食材

❖ 制作步骤

1.用温水把香菌发胀然后捞出，再用清水洗净香菌中的泥沙，泡至发胀的香菌水让其沉淀留着备用。

2.锅内放入骨头汤，再将沉淀好的香菌水50~80克加入骨头汤中，用大火将其烧开，放入泡好的香菌，加盐调味，然后加苕粉煮2分钟，倒入汤碗中，撒上葱花即可。

香菌苕粉汤的制作成品如图4-7所示。

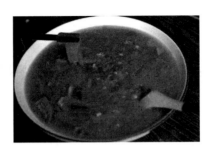

图4-7　香菌苕粉汤

菜品点评

1.技术标准与操作规范达成情况表（见表4-7）

表4-7　　　　　　　　　　　技术标准与操作规范达成情况

指标 分值 姓名	制作速度 20	标准数量 10	色泽 10	质感 10	口味 10	刀工 20	造型 20	合计

2.自我反思（见表4-8）

表4-8　　　　　　　　　　制作香菌苕粉汤自我剖析

主要工艺环节	操作规范达成情况	存在问题	解决思路与方法
原料选用			
造型设计			
刀工			
拼摆			

拓展思考

龚滩香菌是季节食品，请问怎么能够长期保存呢？

拓展阅读

龚滩野菌是世界上最具食用价值的三种菌类之一，具有清热解烦、祛风散寒、舒筋活血、补虚提神等功效，最佳食用方法是与鸡、鸭、猪排骨炖煮煲汤，味道鲜美之至。

龚滩香菌对生长环境要求苛刻——海拔800米左右、温度在28~36℃之间，暴热、雷雨天适宜生长。其生长处泥土表面黑色，内为黄泥。生长期为每年5~7月。其外特征是：伞盖与"脚"接触处细小，"脚"部大如鸭蛋。有异香，故名"大脚香"。颜色有乌色、黄色、黑色几种，黑色的最香。

龚滩香菌是酉阳无数的野生美味中最出名的一种，受目前技术条件限制仍不能进行人工栽培。

任务五　制作酸菜米豆腐汤

》理论知识

一、历史渊源

米豆腐是湘黔川鄂地区著名的土家小吃，此菜润滑鲜嫩。土家人们在制作豆腐的时候，便想到豆子既然能变成豆腐，那米也能变成豆腐这样的米制品吧。经过先人们的不断努力，发现可以先用大米淘洗浸泡吃水，再用碾台磨成米浆。在此过程中，由于豆子的外壳和自身结构的原因，碾磨后渣滓过多，需要滤渣，但是米进过碾磨后的浆很细腻，几乎不用滤渣。最后碾磨后的浆液加碱熬制，冷却，便形成了块状的"豆腐"，米豆腐即成。

早年间，受经济条件限制，物质资源匮乏，米豆腐吃法也是很随意，加点辣椒便成了主流吃法。随着土家人们生活水平的逐步提高，米豆腐的吃法便逐渐多了起来，酸菜豆腐汤演变的酸菜米豆腐汤应运而生。

二、食材的挑选

酸菜米豆腐汤的食材如图4-8所示。

主料：精选土家自制米豆腐500克　酸菜300克

配料：姜10克　蒜10克　食盐5克　鸡精2克　葱花少许　猪油适量

图4-8　酸菜米豆腐汤的食材

◈ 制作步骤

1.先把自制的米豆腐用凉水冲洗，滤干。

2.将酸菜和姜冲洗后切碎。

3.将锅内放适量猪油开火，然后放入少量姜、蒜炒出香味。

4.放入酸菜翻炒。

5.倒两小碗清水烧开，加入适量盐。

6.边等水开边切米豆腐（放手心，切小块就可以），然后放入水中大火开煮。

7.水再开后，等1分钟，撒入葱花即可出锅。

酸菜米豆腐汤的制作成品如图4-9所示。

图4-9　酸菜米豆腐汤

菜品点评

1.技术标准与操作规范达成情况表（见表4-9）

表4-9　　　　　　　　　　　　技术标准与操作规范达成情况

指标 分值 姓名	制作速度	标准数量	色泽	质感	口味	刀工	造型	合计
	20	10	10	10	10	20	20	

2.自我反思（见表4-10）

表4-10　　　　　　　　　　　制作酸菜米豆腐汤自我剖析

主要工艺环节	操作规范达成情况	存在问题	解决思路与方法
原料选用			
造型设计			
刀工			
拼摆			

▶▶ **拓展思考**

　　土家人的酸菜米豆腐汤主要靠酸菜提味，这个酸菜的重要性可想而知，那么土家人的酸菜是怎么制作而成的？

拓展阅读

　　自制米豆腐：

　　1.大米洗净，用水泡至发胀状态。

　　2.浸泡好的大米，滤干称重。

　　3.加水（米水比为1∶2），分多次研磨成细腻的米浆。

　　4.将米浆倒入锅中，再加入50毫升熟石灰水，然后搅拌均匀。

　　5.开小火，至米浆煮熟至浓稠状（其间用木铲一直顺时针搅拌）。

　　6.将熬煮好的米浆倒入模具或碗中自然冷却，自制米豆腐即成。

任务六　制作火葱鸡蛋汤

》理论知识

一、历史渊源

火葱鸡蛋汤的由来已无从考证，相传一土家人劳作时突感风寒，头痛难耐，食不下咽。由于村落贫穷，没有医生、药物医治，再加上该土家人浑身无力难以咀嚼饭菜，其妻心急如焚。为此，其妻只有用鸡蛋打汤喂食。第二天，土家人精神抖擞，起床感谢妻子为其找药医治。妻子不解，后来得知，原来是鸡蛋汤里加了门前火葱的功效。火葱鸡蛋汤便流传下来。

二、食材的挑选

火葱鸡蛋汤的食材如图4-10所示。

主料：精选土鸡蛋　200克　火葱100克

配料：姜片0.5克　胡椒粉0.5克　食盐5克　鸡精2克　猪油适量

图4-10　火葱鸡蛋汤的食材

◈ 制作步骤

1.将精选土鸡蛋打在碗内搅散，加入少许精盐。

2.将火葱切成小圈状。

3.将火葱倒入鸡蛋液中，搅匀。

4.将猪油放入锅中烧至30℃后加入高汤烧开至100℃，然后加入姜片、食盐、鸡精、胡椒粉。

5.将搅匀的鸡蛋火葱液倒入沸水中。

6.烧开后,菜品完成。

火葱鸡蛋汤的制作成品如图4-11所示。

图4-11 火葱鸡蛋汤

◈◈◈ **菜品点评**

1.技术标准与操作规范达成情况表(见表4-11)

表4-11 技术标准与操作规范达成情况

指标 分值 姓名	制作速度 20	标准数量 10	色泽 10	质感 10	口味 10	刀工 20	造型 20	合计

2.自我反思(见表4-12)

表4-12 制作火葱鸡蛋汤自我剖析

主要工艺环节	操作规范达成情况	存在问题	解决思路与方法
原料选用			
造型设计			
刀工			
拼摆			

▶▶ **拓展思考**

世间万物都存在相生相克，那么鸡蛋与哪些食物相克呢?

拓展阅读

鸡蛋的营养价值

1.鸡蛋含有丰富的蛋白质、脂肪、维生素和铁、钙、钾等人体所需要的矿物质，蛋白质为优质蛋白，对肝脏组织损伤有修复作用。

2.鸡蛋富含DHA和卵磷脂、卵黄素，对神经系统和身体发育有利，能健脑益智，改善记忆力，并促进肝细胞再生。

3.鸡蛋中含有较多的维生素B和其他微量元素，可以分解和氧化人体内的致癌物质，具有防癌作用。

任务七　制作黄花丸子汤

》》 理论知识

一、历史渊源

据说黄花菜有较好的健脑、抗衰老功效，是因其含有丰富的卵磷脂，对增强和改善大脑功能有重要作用，同时能清除动脉内的沉积物，对注意力不集中、记忆力减退、脑动脉阻塞等症状有特殊疗效，故人们称之为"健脑菜"。而且据研究表明，黄花菜能显著降低血清胆固醇的含量，有利于高血压患者的康复，还能抑制癌细胞的生长，丰富的粗纤维能促进大便的排泄，是防治肠道癌瘤的食品。

二、食材的挑选

主料：猪肉（前夹子肉）300克　干黄花200克

辅料：鸡蛋1个　面粉10克

配料：姜末5克　蒜片5克　生抽2克　食盐适量　猪油适量　葱花少许

❖ 制作步骤

1.用温水把干黄花泡至发胀后捞出待用。

2.将猪肉切成末，再将鸡蛋清、面粉、生抽、食盐、姜末、加入肉末中拌匀，搅打至肉末发黏待用。

3.锅内放少许猪油烧至七成热，加入蒜片、黄花炒至香味，然后加入清水大火烧开，加入适量食盐调味。

4.将搅拌好发粘的肉末整形成丸子形状放入锅中，煮熟倒入汤碗中撒上葱花即可。

黄花丸子汤的制作成品如图4-12所示。

❖ 菜品点评

1.技术标准与操作规范达成情况表（表4-13）

图4-12　黄花丸子汤

表4-13　　　　　　　　　　　技术标准与操作规范达成情况

指标 分值 姓名	制作速度 20	标准数量 10	色泽 10	质感 10	口味 10	刀工 20	造型 20	合计

2.自我反思（表4-14）

表4-14　　　　　　　　　　　制作黄花丸子汤自我剖析

主要工艺环节	操作规范达成情况	存在问题	解决思路与方法
原料选用			
造型设计			
刀工			
拼摆			

▶▶ 拓展思考

　　在盛产黄花的季节里，将新鲜的黄花制作成丸子汤，口感会不会不一样呢？想想该怎么烹制呢？

拓展阅读

　　1.姜末尽量切细，避免丸子里咬到葱姜末颗粒影响口感。

　　2.搅打肉末，可以让肉质更为滑嫩好吃。

任务八　制作二豆汤

一、历史渊源

二豆汤的历史无从考究，据说曾经有位土家老婆婆，因为很想吃土豆，但由于牙齿不好，便想到将土豆煮熟透再配上汤吃，在烹制的过程中，本想加入蒜苗的婆婆因视力不好，将四季豆误放入在土豆汤中。婆婆在吃的时候发现有点硬硬的东西，才知道是四季豆，于是继续用大火煮，将四季豆也煮熟了的时候，儿子回来了，发现锅里有煮熟的四季豆和煮烂了的土豆，便尝了尝味道，发现味道不错，于是想将其取一名字，想到一个是四季豆，一个是土豆，便取名为"二豆汤"。

二、食材的挑选

二豆汤的食材如图4-13所示。

主料：四季豆200克　洋芋2个

辅料：骨头汤500毫升

配料：姜末5克　蒜片5克　花椒叶少许　食盐适量　猪油适量

图4-13　二豆汤的食材

❖ 制作步骤

1.将土豆去皮洗净切成块状和四季豆洗净切成5厘米一小截待用。

2.猪油放入锅中烧至七成热，加入姜末、蒜片炒香，放入切好洗净的土豆和四季豆，大火翻炒5秒钟，同时加上适量的食盐和花椒叶，再加上少许的清水盖上锅盖焖至变色。

　　3.放入骨头汤烧开，二豆汤烹制完成。

　　二豆汤的制作成品如图4-14所示。

图4-14　二豆汤

菜品点评

　　1.技术标准与操作规范达成情况表（见表4-15）

表4-15　　　　　　　　　　　　技术标准与操作规范达成情况

姓名　分值　指标	制作速度	标准数量	色泽	质感	口味	刀工	造型	合计
	20	10	10	10	10	20	20	

　　2.自我反思（见表4-16）

表4-16　　　　　　　　　　　　制作二豆汤自我剖析

主要工艺环节	操作规范达成情况	存在问题	解决思路与方法
原料选用			
造型设计			
刀工			
拼摆			

▶▶ 拓展思考

四季豆不易进盐味，焖是不是一个可取的方法？谈谈你的看法。

拓展阅读

　　四季豆是菜豆的别称，又叫作芸扁豆、芸豆、四月豆，而不同的地方又有不同的叫法，北方叫作眉豆，四川等华中地区叫作四季豆，浙江衢州一带叫作清明豆，兰溪一带则和北方的叫法相同，叫作眉豆，而现在正是四季豆大量上市的季节，在清明前后，所以衢州一带又叫作清明豆。在中医看来四季豆味甘，淡，性微温，入脾胃经，营养丰富。四季豆中含有叶酸，而叶酸能够促进脑部发育，并且叶酸还能预防肿瘤癌症。四季豆也含有微量元素铜，而铜元素能够促进身体发育，对人体的生长发育而言是必不可少的，铜元素可以促进骨骼、皮肤、内脏的发育，还可以促进头发的发育，能够养发护发。并且四季豆中还含有尿毒酶、皂甘以及多种球蛋白，这些物质能够提高人体的免疫能力，增强人体的抵抗力。四季豆含有丰富的无机盐，而无机盐能够维持人体内的酸碱平衡，从而维持人体的各种循环系统，促进人体的新陈代谢。同时四季豆还含有蛋白质、多种氨基酸、可溶性的膳食纤维，可见其营养价值非常高。

项目五

制作酉阳土家特色小吃

📖 学习目标

知识目标

1. 了解本地土家特色小吃的渊源。

2. 掌握每道特色小吃的制作原料知识。

3. 掌握每道特色小吃的制作步骤。

4. 熟悉每道特色小吃的适用范围。

5. 懂得食物相生相克知识。

技能目标

1. 能够向人介绍每道特色小吃的历史渊源。

2. 能够熟练挑选每道特色小吃合适的食材并掌握选料要鲜、用料要广的要领。

3. 能够熟练运用食材制作菜品。

4. 能够正确掌握火候、时间。

职业素养目标

1. 培养学生热爱本地民族文化。

2. 培养学生热爱劳动、勤俭节约、健体养生的品质。

3. 培养学生热爱大自然，保护生态环境。

4. 培养学生追求美好幸福的生活。

任务一　制作汽汽糕

>> **理论知识**

一、历史渊源

汽汽糕，是酉阳历届美食节最受欢迎的美食之一，摊前时常可见食客排队购买的场景，是酉阳传统特色糕类食品。在酉阳县龙潭镇流传历史悠久，已难追溯其根源。其以优质的龙潭大米为主料，用石磨磨成浆，放入木盆，再经特殊工艺发酵之后，放入特制磨具，再用大火蒸。拌以豆面、红糖、芝麻，吃之化渣，老少皆宜。

二、食材的挑选

主料：精选糯米　梗米（比例7：3）

辅料：黄豆100克　白糖50克

制作步骤

1.将黄豆用石磨磨成粉，加上白糖，制成豆面粉。

2.将糯米和梗米用苞谷机炒至半生半熟取出混合，搅拌均匀。

3.用石磨将搅拌均匀的米磨成粉。

4.准备好制作汽汽糕的竹筒磨具和烧水的筒，铁筒盖的中央留一个比竹筒磨具略小的孔，便于水蒸气喷出。

5.将磨好的米粉装在磨具竹筒中，将竹筒放在孔上，用水蒸气蒸5~8秒，然后倒入豆面中，汽汽糕制作完成。

汽汽糕的制作成品如图5-1所示。

图5-1　汽汽糕

❖ 菜品点评

1.技术标准与操作规范达成情况表（见表5-1）

表5-1　　　　　　　　　　　技术标准与操作规范达成情况

指标 分值 姓名	制作速度	标准数量	色泽	质感	口味	刀工	造型	合计
	20	10	10	10	10	20	20	

2.自我反思（见表5-2）

表5-2　　　　　　　　　　　制作汽汽糕自我剖析

主要工艺环节	操作规范达成情况	存在问题	解决思路与方法
原料选用			
造型设计			
刀工			
拼摆			

▶▶ 拓展思考

汽汽糕在制作的过程中能否用糯米粉先造型，加上其他配料（如蜂蜜、芝麻等），然后用蒸笼蒸制从而增加本菜的色香味？

拓展阅读

我的家乡龙潭古镇位于武陵山区腹地，桃花源深处，面积1.5平方公里，距县城30公里。著名的无产阶级革命家赵世炎，无产阶级教育家赵君陶，原中共北京市委第二书记刘仁，无产阶级革命家瞿秋白的夫人王剑虹等，都诞生在龙潭古镇。著名作家沈从文在他的名作《边城》里对龙潭也有描述；著名女作家丁玲，也描述过古色古香的龙潭中学；戏剧作家田汉，在龙潭也曾吟下了"酉阳孤塔隐山岚，巨石撑天未可探，闻道鲤鱼多尺半，把竿何日钓龙潭"的诗篇。

任务二 制作酉阳土家油茶汤

>> 理论知识

一、历史渊源

油茶汤是土家族的特色饮食，其来源有两种说法：一种是汉代曾在酉阳驻军的伏波将军马援，因当地多瘴威胁士兵身体健康，遂用合茗叶、茱萸、芝麻、盐巴研末为汤饮用（取名五味汤），其后百姓仿效烹制，这才逐渐演变成独具风味的油茶汤；另一种说法源于土家族先民巴人。

巴人善加工茶叶，清代文人曾记有"土人以油炸黄豆、包谷、米花、豆乳、芝麻诸物，和油煮茶叶，作汤泡之，饷客致敬，名曰油茶"。今日酉阳油茶汤的制法为：先将茶油倒锅里烧热，抓茶叶少许入锅炒炸片刻，再往锅内掺适量水，随即加入阴米、芝麻，以及油炸过的黄豆、玉米、花生果、豆腐干和腊肉等，煮沸后再加入姜、葱、蒜、辣椒等调料，稍煮即成。

饮用时，盛入陶碗，边吹边喝。油茶汤清香爽口，提神解渴，冬可暖身，夏可消暑。

二、食材的挑选

主料：土家茶叶1克

辅料：干包谷子10克　糯米子10克　花生米10克　干豆腐10克　水适量

配料：菜油500克　猪板油20克　盐适量　蒜苗5克　姜末5克　胡椒粉5克

◈ 制作步骤

1.将菜油倒入土家铁锅中烧至冒青烟后将火变成中火，把干包谷子、糯米子、花生米、干豆腐分别炸至金黄色入盘待用。

2.将猪板油放入铁锅中烧至80℃，使用中火炸茶叶，炸至黄而不焦时，加入蒜苗、姜末、盐、胡椒粉翻炒2秒后立即加入适量的水，改大火汤开即成。

3.将做好的汤舀至碗中，再放入炸好的辅料即可饮用。

土家油茶汤的制作步骤及成品如图5-2所示。

图5-2 土家油茶汤

❖ 菜品点评

1.技术标准与操作规范达成情况表（见表5-3）

表5-3　　　　　　　　　　技术标准与操作规范达成情况

指标 分值 姓名	制作速度	标准数量	色泽	质感	口味	刀工	造型	合计
	20	10	10	10	10	20	20	

2.自我反思（见表5-4）

表5-4　　　　　　　　　　制作土家油茶汤自我剖析

主要工艺环节	操作规范达成情况	存在问题	解决思路与方法
原料选用			
造型设计			
刀工			
拼摆			

▶▶ 拓展思考

　　油茶汤具有较高的食用和药用价值，特别适合老人和小孩食用，请问油茶到底有哪些价值呢？

拓展阅读

　　有民谚曰："不喝油茶汤，心里就发慌""一日三餐三大碗，做起活来硬邦邦""一天不喝油茶汤，满桌酒肉都不香"，尤其在酉阳酉东片区（大溪等镇）土家人民对油茶汤甚是喜爱，经过生活的改善，不少土家人民喜欢将新鲜玉米、精瘦肉、小河虾等辅料加入油茶汤中，味道别具一番风味。

任务三 制作酉阳土家绿豆粉

》 理论知识

一、历史渊源

土家绿豆粉历史悠久，大致分为两大派系，渝东南的绿豆粉和鄂西南的绿豆粉，以绿豆、大米、黄豆，经"泡、磨、烙、烫"四道传统工序制作而成。土家绿豆粉清热解暑，吃了不上火，口感好，老少皆宜，食用方便，煮炒皆可，非常受人青睐。土家人不止爱吃绿豆粉，爱做绿豆粉还依赖绿豆粉，土家文化讲究圆圆满满，圆不仅能圆气生财，而且代表团团圆圆。因此在制粉的时候，就要有意识地将豆浆在锅沿上画圆圈，当然这样做的目的也是技术上的需要。土家人介绍说：开始是摸油，摸一点菜油在锅底，再将米浆装在漏斗中一圈一圈地转，这样熟得比较快，又好吃。因绿豆粉粉香味鲜，粉制细腻，更继承了绿豆的特性：清热消暑，凉血解毒，是排毒养颜的佳品，备受诸多女性的倾爱。逢年过节，走亲访友，招待客人，绿豆粉因味美和制作方便成了土家人的首选。目前，这一具有浓郁土家风味的食品，被国家列入了第二批非物质文化遗产目录。

二、食材的挑选

主料：贵朝米 绿豆（比例 10 ：3）

辅料：水适量 韭菜适量 熟饭适量

❖❖ 制作步骤

1.将米、绿豆隔夜浸泡至发胀。

2.将泡好的米、绿豆用清水洗净。

3.将适量的韭菜、熟饭和洗净的米、绿豆混合并搅拌均匀并加入适量的水。

4.将混合搅拌好的材料用石磨磨成浆（磨的时候要一小勺一小勺地添加，水量与大米绿豆要配合好再磨）。

5.将平底的大铁锅加热至 200℃左右（铁锅是自行转动的）。

6.将磨好的浆装入漏斗中，让其均匀地漏在转动的铁锅上进行烙制，2 分钟左右，当锅里的绿豆粉呈现略黄的时候，证明它已经熟了，这下就可以用竹棍将其捞出，成品绿豆粉完成。

土家绿豆粉的制作过程及成品如图5-3所示。

图5-3　绿豆粉的制作过程及成品

❖ 菜品点评

1.技术标准与操作规范达成情况表（见表5-5）

表5-5　　　　　　　　　　技术标准与操作规范达成情况

指标 分值 姓名	制作速度 20	标准数量 10	色泽 10	质感 10	口味 10	刀工 20	造型 20	合计

2.自我反思（见表5-6）

表5-6　　　　　　　　　　制作绿豆粉自我剖析

主要工艺环节	操作规范达成情况	存在问题	解决思路与方法
原料选用			
造型设计			
刀工			
拼摆			

▶▶ **拓展思考**

食用绿豆粉有何营养价值?

拓展阅读

　　酉阳土家人民喜欢特别钟爱食用绿豆粉,食用时,将新鲜的绿豆粉下在沸水里煮半分钟左右捞在碗里,加上臊子、牛肉等佐料即可。绿豆粉的佐料也很讲究,有姜粒、葱花、花椒油、豆酱、油辣椒、猪油、花椒油、木椒油等,吃起来鲜辣醇香,绵软溜滑,清爽可口。同样也可以跟鸡蛋、肉丝、蔬菜一起炒着吃,味道很巴适。

任务四　制作龚滩酥食

》 理论知识

一、历史渊源

重庆酉阳的龚滩古镇已经有1700多年的历史，每年端午节前，古镇上的居民，家家户户都有做酥食的传统，听说做酥食非常考究，算得上是一门手艺活。

二、食材的挑选

主料：精选糯米500克（一盒）　绿豆200克

辅料：糖（蜂糖和白砂糖）80克　芝麻10克

◆◆◆ **制作步骤**

1.把精选糯米、绿豆用清水洗净滤干。

2.用小火将糯米、绿豆炒熟。

3.用石磨将糯米和绿豆磨成面，磨好的面一定要很细。

4.将磨好的面粉要存放2个月左右。

5.将蜂蜜和白砂糖混合搅拌均匀。

6.擦酥食，将存放好的糯米面和绿豆面按比例混合，再加入适量混合均匀的糖（糖多了会成坨，少了不成形）。

7.将擦好的面粉放入印托磨具里，磨具底部可放点芝麻做点缀，用一根圆木棒压制面粉将其拓印成形，再用竹片把表面削平，然后再用圆木棒轻轻敲拓印的四周，敲打至可以把拓印好的成形面粉倒在竹筛子中，酥食制作完成。

龚滩酥食的制作过程及成品如图5-4所示。

图5-4　龚滩酥食的制作过程及成品

菜品点评

1.技术标准与操作规范达成情况表（见表5-7）

表5-7　　　　　　　　　　　技术标准与操作规范达成情况

指标 分值 姓名	制作速度	标准数量	色泽	质感	口味	刀工	造型	合计
	20	10	10	10	10	20	20	

2.自我反思（见表5-8）

表5-8　　　　　　　　　　　制作龚滩酥食自我剖析

主要工艺环节	操作规范达成情况	存在问题	解决思路与方法
原料选用			
造型设计			
刀工			
拼摆			

▶▶ 拓展思考

制作酥食过程中，为何要将磨好的面粉存放2个月左右？做酥食最关键的步骤是加糖吗？

拓展阅读

制作酥食过程中所运用的拓印也汇集了土家族人生活中的许多图案，有花鸟、植物、人物等，其图案在面粉上呈现，有些直接就是动物的样子，非常漂亮。有些地方过节的时候，还喜欢在酥食上上色，这样看起来更喜庆。在农村，人们还喜欢用草纸包上一包酥食作为走亲访友的礼物。现在的人们更讲究一点，送客人时，每10个为一封，用报纸包起来，但大多以圆形为主。

任务五　制作酉阳土家油粑粑

》 理论知识

一、历史渊源

相传张古老、李古老开辟天地到一半时，气力耗尽，无法继续工作。此时神灵指点道：吸收日月精华可恢复气力。于是张古老吸收日之精华、李古老吸收月之精华，遂气力大增，完成了开天辟地的创举。后人为了在做农活时及时补充体力，效仿张古老李古老，将自己的口粮做成日月的形状和颜色，逐渐演变成今天的油粑粑。

油粑粑的历史起源已不可考。油粑粑体积小，便于携带，食用方便。早期土家族人将它作为农活时的干粮。由于油粑粑味道好，且营养充分，能够及时补充人的体力，遂走上了土家族人家的餐桌，成为主食的一种。中华人民共和国成立初期，湘西、黔东各县城开始出现部分个体油粑粑商贩，他们把摊点定在饭店、面馆旁或街边、凉亭里，价钱便宜，很受欢迎。以后城乡各地圩场均有了油粑粑摊主边炸边销的特色风情。

二、食材的挑选

主料：糙米1500克　精选黄豆500克

辅料：水适量　馅料100克

配料：菜油2500克　盐适量　胡椒粉5克　花椒粉2克

❉❉ 制作步骤

1.将糙米和黄豆按3∶1的比例用清水隔夜浸泡至发胀（以泡出豆香和米香为宜）后洗净。

2.在糙米与黄豆中加入适量的水（放得太多，炸油粑粑的时候耗油且形状不饱满），用小汤勺把洗净的糙米和黄豆舀进石磨中磨成浆（每次也不能太多，这样磨出的浆才会细腻，做出的油粑粑口感也比较好）。

3.将磨好的浆里加入适量的盐、胡椒粉和花椒粉。

4.再按个人喜好准备馅料，如腊肉丁、酸菜末、葱花等。拌馅可分为杂烩式和叠加式。前者是把馅料全部倒进浆里搅拌至均匀;后者是先在油粑粑铁提子中倒入半勺浆,加入自己喜欢的馅后再倒入小半勺浆。亦有不加馅的。

5.在锅中倒入菜油,将火调大,直至将油烧沸,然后将放有浆的油粑粑提子放入锅中,1分钟左右炸至金黄色将其倒出即可(同时注意随时翻滚油粑粑,并且火候要掌握好,炸出的油粑粑味道才好,吃起来才酥脆)。

油粑粑的制作成品如图5-5所示。

图5-5　土家油粑粑

菜品点评

1.技术标准与操作规范达成情况表(见表5-9)

表5-9　　　　　　　　　　技术标准与操作规范达成情况

指标 分值 姓名	制作速度 20	标准数量 10	色泽 10	质感 10	口味 10	刀工 20	造型 20	合计

2.自我反思(见表5-10)

表5-10　　　　　　　　　　制作油粑粑自我剖析

主要工艺环节	操作规范达成情况	存在问题	解决思路与方法
原料选用			
造型设计			
刀工			
拼摆			

▶▶ **拓展思考**

在酉阳乡村，为何每逢过年，每家每户都会炸制油粑粑呢？

拓展阅读

　　油粑粑是武陵山区土家人的特色美食。食用时，可现炸现吃，其味香辣脆软，亦可放入锅中煮软了吃，或用热料汤泡了吃。在土家族人家庭里，几乎户户都有人会炸油粑粑。炸油粑粑工序相对简单，也很合土家族人口味，且油粑粑呈圆形，象征"圆满"；色泽金黄，象征"富贵"，所以油粑粑既是土家族人逢年过节敬神赠友最受青睐的食品之一，也是城乡最普遍最有民族特色的风味小吃。每到赶场的时候，小朋友们跟着大人走十几里山路，就是为了几个油粑粑。特别是对长期在外地的土家人，会有一种久违的家乡的味道。

任务六　制作酉阳斑鸠豆腐

>> 理论知识

一、历史渊源

斑鸠豆腐有个美丽的传说：传说有一位漂亮的姑娘，勤劳又善良，姑娘所居住的村子闹饥荒，村民都上山挖野菜、找草根充饥。有一天，她在很远很远的山里挖白薯，中午时刻，又饿又渴，来到小溪边，捧起清凉的溪水喝了个够，突然发现一只漂亮的梅花鹿在小溪的对岸吃斑鸠树叶，她想斑鸠叶小鹿能吃，我们人能吃吗？如果可以吃，那该多好啊！正想着，听到有人在叫她，一看，对岸不知何时坐了个白胡子老爷爷，老爷爷告诉她，用斑鸠树叶做成豆腐，人就可以吃了。并告诉她制作豆腐的方法，姑娘将制作方法铭记在心，就隔岸拜谢老爷爷，等她抬起头来一看，老爷爷不见了。她这才恍然大悟，原来是神仙在指点她。姑娘赶紧采了很多斑鸠叶，回到村里就用村边的井水按照老爷爷说的方法果然做成了斑鸠豆腐，请很多人来尝，大家都觉得这豆腐清凉爽口。因此斑鸠豆腐又名"神仙豆腐"。

二、食材的挑选

主料：斑鸠叶1000克

辅料：草木灰10克　水适量

配料：盐适量　剁海椒5克　麻旺酱油2克　麻旺醋1克　胡椒粉0.2克　花椒油0.2克

>> 制作步骤

1.从山上采摘无虫眼、无病害、绿色的嫩斑鸠叶，将其洗净。

2.将洗净的斑鸠嫩叶放在盆内加入适量干净的清水，然后用手反复搓揉，揉得碎碎的，揉出清浓汁。

3.用干净的细纱布过滤掉叶渣，剩下的清浓汁用干净的盆装好。

4.将草木灰加入适量的清水，用干净的细纱布过滤掉灰渣，用干净的碗装好。

5.将适量的草木灰水倒入清浓汁盆中搅拌均匀，待其凝固成型就做好了（该种豆腐成品率高，10斤叶子可做4斤左右豆腐）。

6.将凝固成型的斑鸠豆腐用刀切成块，加上盐适量、剁海椒、麻旺酱油、麻旺醋、胡椒粉、花椒油即可食用。

斑鸠豆腐的制作过程及成品如图5-6所示。

图5-6　斑鸠豆腐

菜品点评

1.技术标准与操作规范达成情况表（见表5-11）

表5-11　　　　　　　　　　技术标准与操作规范达成情况

指标 分值 姓名	制作速度	标准数量	色泽	质感	口味	刀工	造型	合计
	20	10	10	10	10	20	20	

2.自我反思（见表5-12）

表5-12　　　　　　　　　　制作斑鸠豆腐自我剖析

主要工艺环节	操作规范达成情况	存在问题	解决思路与方法
原料选用			
造型设计			
刀工			
拼摆			

>> **拓展思考**

　　请问是因为斑鸠叶中富含叶绿素和蛋白淀粉，所以利用蛋白淀粉与碱水作用，产生凝固，就成了富含叶绿素的斑鸠豆腐吗？

拓展阅读

　　斑鸠叶豆腐早前在农村乡下食用得比较广泛，慢慢地发展到批量制作卖到城里，因此没有斑鸠叶也能吃到斑鸠叶豆腐。总之斑鸠叶豆腐是一款值得人们品尝的天然绿色的健康食品，是自古以来勤劳与智慧的劳动人民的优秀成果，其营养价值在进一步探究中。

任务七　制作酉阳土家麻辣洋芋

》》理论知识

一、历史渊源

洋芋因酷似马铃铛而得名，此称呼最早见于康熙年间的《松溪县志食货》。中国东北、河北称土豆，华北称山药蛋，西北和两湖地区称洋芋，江浙一带称洋番芋或洋山芋，广东称之为薯仔，粤东一带称荷兰薯，闽东地区则称之为番仔薯，在鄂西北一带被称为"土豆"。马铃薯何时从何地传入中国，尚难确切断定。根据《兴平县志》的记载，16世纪时马铃薯已传入中国。

二、食材的挑选

主料：酉阳土家洋芋（黄芯洋芋）100克

辅料：菜籽油20克　盐适量　葱花少许　花椒粉0.5克　辣椒粉0.5克　酱油0.2克
　　　醋0.2克

❖❖ 制作步骤

1.将洋芋去皮洗净。

2.将菜籽油放入油锅中加热至100℃左右。

3.将洗净的洋芋慢慢放入锅内，免得热油溅出来烫伤人。

4.将洋芋不断翻滚炸至金黄色捞出把油滴干放入钵内。

5.将秘制的辣椒跟辅料适量地加入钵内搅拌均匀即可食用。

麻辣洋芋的制作过程及成品如图5-7所示。

图5-7　土家麻辣洋芋的制作过程及成品

❖❖❖ 菜品点评

1.技术标准与操作规范达成情况表（见表5-13）

表5-13 技术标准与操作规范达成情况

指标 分值 姓名	制作速度 20	标准数量 10	色泽 10	质感 10	口味 10	刀工 20	造型 20	合计

2.自我反思（见表5-14）

表5-14 制作土家麻辣洋芋自我剖析

主要工艺环节	操作规范达成情况	存在问题	解决思路与方法
原料选用			
造型设计			
刀工			
拼摆			

➡ 拓展思考

土家麻辣洋芋有何营养价值？发芽的洋芋能食用吗？洋芋在什么时候是有毒性的呢？

拓展阅读

马铃薯是我国广泛种植的一种农作物，其产量高、营养丰富、味道佳，深受大众喜爱。马铃薯是喜凉作物，在地温低于25℃时可以播种，秋季播种时一般选择生育期较短的品种，用20~30克的整薯作为种薯时，能提高成活率。秋马铃薯的田间管理主要是抗旱排涝，查苗补苗，除草施肥等，秋季病虫害比较活跃，因此要特别加强防病防虫管理。

任务八　制作酉阳糯糍粑

≫ 理论知识

一、历史渊源

糍粑也称年糕，在过年的时候制作食用，过年前制作糍粑是农村上千年流传下来的习俗，具有浓厚的乡村风味。打糍粑活动成为大家过年前的一项重要准备活动。糍粑由糯米蒸熟再通过特质石材凹槽冲打而成，手工打糍粑很费力，但是做出来的糍粑柔软细腻，味道极佳。

酉阳土家人民普遍流行着一种过年"打糍粑"的习俗。土家人素有"二十八，打糍粑"的说法。每逢春节来临，农历腊月二十八，家家都要打糯米糍粑，所谓打糯米糍粑，据当地乡土志书记载："系糯米饭就石槽中杵如泥，压成团形，形如满月。大者直径约尺5，寻常者约4寸许，3至8分厚不等。"打糯米糍粑是一项劳动强度较大的体力活，一般都是后生男子汉打，两个人对站，先揉后打，即使冰雪天也要出一身汗。做糯糍粑也很讲究，手擦上蜂蜡或茶油，先出坨，后用手或木板压，要做得玉圆光滑，讲究美观。

二、食材的挑选

主料：精选糯米适量

辅料：水适量　蜡或茶油适量

❖ 制作步骤

1.把精选糯米用清水泡至发胀。

2.把泡好的糯米蒸熟后放在石臼里，然后用一根大木棒反复用力往臼里夯，边揉边打，一直要把糯米饭捣成糊状为止。

3.把手擦上蜂蜡或茶油，将揉打好的糯米糊捞出，用手挤压成圆坨形状，然后用手或木板压，待糯糍粑冷却成形取出即可，并用大水缸灌入水进行存放。

酉阳糯糍粑的制作过程及成品如图5-8所示。

图5-8 酉阳糯糍粑的制作过程及成品

菜品点评

1.技术标准与操作规范达成情况表（见表5-15）

表5-15 技术标准与操作规范达成情况

指标 分值 姓名	制作速度 20	标准数量 10	色泽 10	质感 10	口味 10	刀工 20	造型 20	合计

2.自我反思（见表5-16）

表5-16 制作酉阳糯糍粑自我剖析

主要工艺环节	操作规范达成情况	存在问题	解决思路与方法
原料选用			
造型设计			
刀工			
拼摆			

▶▶ **拓展思考**

糯糍粑能跟玉米、高粱一起制作吗？

拓展阅读

吃糯糍粑也有学问，一般是用炭火烤，叫烧粑粑，用青菜汤下粑粑片，叫煮粑粑，与腊肉炒，叫炒粑粑。粑粑做得多，一时吃不完的就用清水浸泡在水缸内，这样可以储藏两三个月不坏，到插秧时候有粑粑吃。

任务九　制作土家粉粑

》 理论知识

一、历史渊源

土家粉粑的历史已经无从考究，酉阳土家人民在播种与收获的季节都特别喜欢吃，在做农活时，可当作干粮，吃着吃着就精神了，有力气了干活了。

二、食材的挑选

主料：精选糯米500克　粘米500克

辅料：水适量　橙子叶15张

配料：馅料100克

❖ 制作步骤

1.将精选糯米和粘米用石磨干磨成粉，粉一定要细。

2.将磨好的粉加入适量的水，保证粉用手能捏成团状，水不能太干，也不能太稀。

3.将橙子叶洗净平铺在蒸笼中。

4.将馅料（有绿豆、葛豆、腊肉丁、胡萝卜丁、干豆腐丁等，凭自己的喜好来选择）准备好，用糯米粉团将馅料包裹在中间。

5.将包好的粉粑放在蒸笼中的橙子叶上面，用大火蒸制，20分钟即可出锅，粉粑制作完成。

土家粉粑的制作成品如图5-9所示。

图5-9　土家粉粑

菜品点评

1.技术标准与操作规范达成情况表（见表5-17）

表5-17　　　　　　　　技术标准与操作规范达成情况

姓名 \ 指标 分值	制作速度 20	标准数量 10	色泽 10	质感 10	口味 10	刀工 20	造型 20	合计

2.自我反思（见表5-18）

表5-18　　　　　　　　制作土家粉粑自我剖析

主要工艺环节	操作规范达成情况	存在问题	解决思路与方法
原料选用			
造型设计			
刀工			
拼摆			

拓展思考

粉粑还有其他的制作方法吗？思考它有何营养价值？

拓展阅读

元朝末年，朱元璋与陈友谅大战鄱阳湖，双方拼杀得昏天黑地，难解难分。相持日久，将疲兵乏，眼看谁也不能取胜，双方为休养士卒，订立"君子协定"：休战数月，在彭泽杨梓与波阳义门、至德青山桥三地交界处插红旗为界，双方互不侵犯（"红旗界"因此而得），朱元璋率部驻扎在红旗界的盘山。他的军队纪律严明，秋毫无犯，深得当地百姓的拥戴。在日夜操练军队、养精蓄锐、等待战机的时间里，他苦苦思索影响作战的诸多不利因素。他认为战士们经常饿着肚子，长途奔袭作战，是主要不利因素。将士们所带干粮通常是饭团、炒米粉，在鄱阳湖作战，这些干粮遇水即坏。为此他找到当地老乡，希望能做出一种方便可口、水浸不坏的干粮。

红旗界的巧妇们想出了一个好办法：她们将大米淘洗干净，放在甑里蒸熟，冷却晾干，磨成细米粉，再用开水调和揉匀，将米粉搓成个鸡蛋大的粉团，中间戳个洞，放入炒好的菜馅，封上口，上蒸笼蒸透。这就是米粉粑最早的雏形了。这种粑越嚼越甜，粑内包有新鲜的菜馅，因而非常可口。它最大的特点是不怕水浸，不易发馊，十天半月都不会坏。平时作战带上它非常方便，一顿吃上两个就饱了。将士们吃了米粉粑，作战时如有仙人相助，故此，朱元璋又将这种食粮称之为"仙米粑"，朱元璋打败陈友谅，建立大明王朝，米粉粑功不可没。

任务十　制作米豆腐

》 理论知识

一、历史渊源

相传汉代在巴郡奉国县（阆中老观镇）的谯隆任县令时，曾大胆劝阻汉武帝刘彻扩大御花园而被采纳，后又进谏诏落下闳进京修订历法，并采纳其浑天说理论，启用其《太初历》，才有了恒定两千余年的春节。谯隆家乡有一传统美食就是用当地的大米（当时为朝廷贡米"奉国大米"）手工做成又糯又香的米豆腐。在第一个春节，谯隆将之奉给皇上，皇上食之大悦，甚喜之。此消息很快传遍了家乡，为喜迎春节，奉国县的老百姓在每年春节前便备好米豆腐以上等佳肴招待亲朋。米豆腐，又被称"米豆福"（谐音），又有幸福吉祥之寓。阆中米豆腐是以当地优质的大米为主要原料而作为主要原料加工而成，几百年来一直是阆中市百姓逢年过节的善待亲朋好友必备的佳肴，它以精致环保、物美价廉的优势代代相传，属于阆中地域的传统美食。

二、食材的挑选

主料：精选大米1000克　黄豆500克

辅料：水适量　石灰粉50克

◈ 制作步骤

1. 浸泡前除去大米和黄豆中的杂物并淘洗干净，然后放入盛器中加水至淹米3.5厘米为宜。石灰粉要先调成溶浆，加入盛器中，然后搅拌均匀。浸泡3~4小时，使米变成浅黄色，口感带苦味后，取出放在清水中淘洗至水清为止。

2. 将大米、黄豆按照2：1的比例用石磨进行磨制，过程中一定要均匀地用勺子一点一点地加入磨成浆。

3. 在洗净油污的铁锅里放入2000克水，然后倒入磨好的浆。煮浆时边煮边搅，开始用大火煮，至半熟时用小火，边烧边搅，煮熟为止，约需15分钟。

4. 将盛器内铺上包袱，然后将煮熟的糊状米浆倒入盛器中，盛器的大小以米豆腐的厚度来选定，一般以3~10厘米为宜。装入盛器时要厚薄均匀。待冷却后即可。

米豆腐的制作成品如图5-10所示。

图5-10 米豆腐

菜品点评

1.技术标准与操作规范达成情况表（见表5-19）

表5-19 技术标准与操作规范达成情况

指标 分值 姓名	制作速度	标准数量	色泽	质感	口味	刀工	造型	合计
	20	10	10	10	10	20	20	

2.自我反思（见表5-20）

表5-20 制作米豆腐自我剖析

主要工艺环节	操作规范达成情况	存在问题	解决思路与方法
原料选用			
造型设计			
刀工			
拼摆			

拓展思考

米豆腐有何食用价值？其食用方法有哪些？

拓展阅读

　　米豆腐和水豆腐在餐厅里一见钟情，水豆腐喜欢米豆腐有棱有角的身材，米豆腐则迷上了水豆腐纯白的皮肤。它们在餐桌上眉来眼去，引起了白菜、火葱和辣椒的忌妒。沉浸在爱意中的米豆腐和水豆腐却毫无觉察，不到两个月，它们已经进入谈婚论嫁的阶段了。

　　米豆腐一般是清早上班，偶尔值些夜班，白天在家休息。水豆腐恰恰相反，总是上白班，夜班基本是由她的哥哥卤豆腐担当的。周末两个人都要加班，因此他们的约会总是匆匆忙忙的。

　　辣椒、火葱和水豆腐在一起上班，火葱和弟弟小葱曾对水豆腐有过热烈的追求，却遭到了水豆腐的拒绝，留下了"一青二白"的笑话，所以火葱心里很恨水豆腐，辣椒正在追着火葱的姐姐洋葱，火葱的恨也就成了他的恨。趁着一个夜班，辣椒把米豆腐和水豆腐的事情告诉了卤豆腐，并且添油加醋说了很多难听的话，卤豆腐怒火中烧，班都不上就跑回家向爸爸油豆腐告状，油豆腐非常生气，水豆腐是他最疼爱的小女儿，对她寄予了很大希望，哪想到她却看上了刚从农村进城的米豆腐。他暴跳如雷地说要拆散这对恋人。水豆腐母亲豆腐花劝油豆腐要小心从事，商量的结果决定花钱找臭豆腐暗地里教训一下米豆腐和水豆腐。

　　有天白菜和水豆腐都上白班，他也在暗恋水豆腐，白菜从火葱那里知道了臭豆腐的阴谋，他怕水豆腐吃亏，便将情况告诉了她，劝她到乡下外婆豆腐脑家避一避。水豆腐大吃一惊，正盘算如何将消息告诉米豆腐，正好看见米豆腐的叔叔米糕从店前走过，便悄悄地托他捎信。

　　米豆腐一家闻讯大怒，决定邀请米族的亲戚们反揍臭豆腐一顿，然后再找油豆腐算账。有次臭豆腐正在路边宵夜，米糕带着米粉、米酒、米饭等闻味而来，将其暴打一顿，从此臭豆腐就不敢在大街上做生意，只敢在小巷子口偷偷摸摸地摆个小摊。

　　米豆腐家庭虽然进城不久，但势力发展很快，米粉和米酒办的公司更是如日中天，油豆腐自知对此事无可奈何，便答应了这桩婚事，只是要求米豆腐入赘水豆腐家，成为豆族的一员。

任务十一　制作酉阳臊子面

≫ 理论知识

一、历史渊源

臊子面的历史无可考究，很久很久以前就是酉阳土家人民地地道道特色小吃了。

二、食材的挑选

主料：猪肉200克（前夹子肉，四肥六瘦）　酉阳土家挂面100克

辅料：骨头汤300克

配料：豆瓣20克　食盐5克　姜末5克　蒜末5克　白酒5克　细红海椒面10克

　　　葱花2克　菜籽油适量

❖ 制作步骤

1.将猪肉切碎。

2.将菜油烧至四成油温，放入切碎的猪肉炒干水分，加入白酒去腥，然后放入姜蒜末炒香，接着加入细红海椒面，再加入骨头汤熬制10分钟，臊子制作完成。

3.将酉阳土家挂面放至沸腾的水中煮熟，将其捞出放入碗中，加入臊子汤，撒上葱花，臊子面制作完成。

酉阳臊子面的制作成品如图5-11所示。

图5-11　酉阳臊子面

菜品点评

1.技术标准与操作规范达成情况表（见表5-21）

表5-21　　　　　　　　　　　技术标准与操作规范达成情况

分值 指标 姓名	制作速度	标准数量	色泽	质感	口味	刀工	造型	合计
	20	10	10	10	10	20	20	

2.自我反思（见表5-22）

表5-22　　　　　　　　　　　制作酉阳臊子面自我剖析

主要工艺环节	操作规范达成情况	存在问题	解决思路与方法
原料选用			
造型设计			
刀工			
拼摆			

拓展思考

臊子配上绿豆粉来吃，味道又会是怎样的呢？

拓展阅读

请收看舌尖上的中国：臊子面，酉阳古城风味面。

任务十二　制作苦荞粑

>> 理论知识

一、历史渊源

传说很久以前天大旱，连续几月滴雨未下，庄稼颗粒无收，百姓苦不堪言。眼看到了秋收季节了，百姓还在祈雨，龙王爷实在看不下去了，便跑到玉帝那里去说了些好话。玉帝听说人间这样遭难，觉得自己有些失职，赶紧安排下场透雨。龙王向玉帝禀报说，现在下雨也无济于事了，天气渐凉了，已经没有什么作物可以开花结籽了。玉帝究竟是神仙，有非凡的智慧，慢慢睁开眼说，这样吧，边说边用手在他脖子上搓了几下，这里有些种子，深秋下霜时就有收获了。说着把手里的泥撒向人间，落在坡的阴面后来长出来就是苦荞，因为是玉帝脖子上的泥变的，所以苦荞籽的颜色至今还是那么油光发亮。直到现在每遇旱年，什么作物都不能种了，就种荞麦，只有它在下霜时还有收获，穷人喜欢它。

二、食材的挑选

主料：精选苦荞1500克

辅料：水适量

❖ 制作步骤

1.将精选好的苦荞要分两次打磨，第一次先用石磨把苦荞籽打成小瓣，磨去外皮，用米塞子将苦荞小瓣和外皮分离开，去除外皮；第二次将塞出的小瓣磨成面粉，面粉要细，吃起来口感才佳。

2.将磨好的面粉加入适量的水并搅拌均匀，成糊状即可（干湿要适宜，并且要反复地搅拌，检验是否调好，只需要用一双筷子挑着面糊，面糊浓稠不掉线就可以了）。

3.准备好蒸笼并在蒸笼底部铺上浇湿的包袱，用大火将水烧开，将面糊上蒸笼，把面糊均匀摊开成饼状，20分钟左右，蒸熟即可（蒸熟的苦荞粑是淡绿色的）。

4.将蒸好的饼，切成手掌大小的方块，就直接可以食用了。

苦荞粑的制作成品如图5-12所示。

图5-12　苦荞粑

❖ 菜品点评

1.技术标准与操作规范达成情况表（见表5-23）

表5-23　　　　　　　　　　　技术标准与操作规范达成情况

指标 分值 姓名	制作速度	标准数量	色泽	质感	口味	刀工	造型	合计
	20	10	10	10	10	20	20	

2.自我反思（见表5-24）

表5-24　　　　　　　　　　　制作苦荞粑自我剖析

主要工艺环节	操作规范达成情况	存在问题	解决思路与方法
原料选用			
造型设计			
刀工			
拼摆			

▶▶ 拓展思考

苦荞粑的制作过程你会了吗？那需要经过发酵的荞粑怎么制作呢？

拓展阅读

苦荞粑粑不仅色泽浅绿，香味扑鼻，吃起来苦甜爽口，回味无穷。同时具有人体需要的多种氨基酸，能强身健体，味道略有些清苦。

任务十三　制作马打滚

》 理论知识

一、历史渊源

清代，《燕都小食品杂咏》上就记载着："红糖水馅巧安排，黄面成团豆里埋。何事群呼'驴打滚'？称名未免近诙谐。"（原注：黄米黏面，蒸熟；裹以红糖水馅，滚于炒豆面中，成球形，置盘售之，取名"驴打滚"，真不可思议之称也。）古时候的人们对这种听起来不雅却蛮风趣的外号，纷纷称奇，如今咬上一口香糯的马打滚，也倒是吃出了回忆的味道。

二、食材的挑选

主料：糯米500克

辅料：黄豆100克　白糖适量　水适量

❖ 制作步骤

1.将黄豆放入铁锅里用小火炒香捞出待用。

2.将糯米和黄豆分别用石磨磨成粉，粉一定要细。

3.准备好糯米粉，加入适量的水混合搅拌均匀，不能太干也不能太稀。

4.把糯米团像做饼一样包起来，再揉成一个个小圆球。

5.将磨好的黄豆粉放在盆里，加入适量的白糖，搅拌均匀。

6.揉好的糯米球放入开水锅里煮熟，全部浮起来就熟了。

7.熟的糯米球放到黄豆粉里面裹一下，让糯米球全部被裹上黄豆粉即可完成。

马打滚的制作成品如图5-13所示。

图5-13　马打滚

菜品点评

1.技术标准与操作规范达成情况表（见表5-25）

表5-25　　　　　　　　　技术标准与操作规范达成情况

指标 分值 姓名	制作速度	标准数量	色泽	质感	口味	刀工	造型	合计
	20	10	10	10	10	20	20	

2.自我反思（见表5-26）

表5-26　　　　　　　　　制作马打滚自我剖析

主要工艺环节	操作规范达成情况	存在问题	解决思路与方法
原料选用			
造型设计			
刀工			
拼摆			

拓展思考

马打滚还有其他的制作方法吗？

拓展阅读

马打滚是儿时的记忆，外婆的味道。依稀记得围在石磨边，闻着豆面的香味，那种馋的感觉，犹如猫见着老鼠一样兴奋。朋友，你可还记得？

参考文献

［1］酉阳土家族苗族自治县教育委员会.武陵古州——酉阳［M］.成都：成都科技大学出版社，1993.

［2］（清）邵陆，酉阳自治县档案局整理.酉阳州志［M］.成都：巴蜀书社，2010.

［3］彭福荣，李良品，傅小彪.乌江流域民族地区历代碑刻选辑［M］.重庆：重庆出版社，2017.

［4］彭清玉.话说酉阳［M］.重庆：重庆大学出版社，2015.